費曼物理學講義 II
電磁與物質
4 電磁場能量動量、折射與反射

The Feynman Lectures on Physics
The New Millennium Edition
Volume 2

By Richard P. Feynman,
Robert B. Leighton, Matthew Sands

李精益、吳玉書　譯
高涌泉　審訂

The Feynman

費曼物理學講義 II
電磁與物質

4 電磁場能量動量、折射與反射 　　目錄

第29章 電荷在電場與磁場中的運動 67

The Feynman

費曼物理學講義 II
電磁與物質

目錄

1　靜電與高斯定律

2 介電質、磁與感應定律

中文版前言

5 磁性、彈性與流體

The Feynman

第27章
場能量與場動量

27-1　局域守恆

　　顯然，物質的能量並不守恆。當一物體輻射出光時，它就損失了能量。然而，這部分損失的能量可以用其他方式來描述，比如說用光的方式。因此，要是沒有考慮與光、或普遍而言與電磁場相關的能量，那麼能量守恆的理論便不是完整的。我們現在要來討論場的能量守恆以及動量守恆。我們肯定不能只談其中之一，而不涉及他者，因爲在相對論中，它們是同一個四維向量的不同面向。

　　在第 I 卷很前面的部分，我們就討論過能量守恆；當時我們只是說，世界上的總能量恆定不變。我們現在要將能量守恆律此概念在一重要方面——說明能量是**如何**守恆的某些**細節**方面，加以推廣。此新定律將描述：假如能量離開一個區域，那是由於它通過了該區域的邊界，而**流**出去的。比起不加此一限制的能量守恆律，這是稍微更強的定律。

　　爲看清這一說法的含義，讓我們來考察電荷守恆律是如何作用的。我們過去對電荷守恆的描述如下：有一電流密度 j 和一電荷密度 ρ，當某處的電荷減少時，必定有電荷從該處流出。我們將此稱爲電荷守恆。此一守恆律的數學形式爲

$$\boldsymbol{\nabla} \cdot \boldsymbol{j} = -\frac{\partial \rho}{\partial t} \qquad (27.1)$$

上述定律有這麼一個後果，即世界上的總電荷總是保持恆定不變——永遠不會有電荷的淨增益或淨損失。然而，世界上的總電荷是可以按另一種方式而恆定不變的。假設在點 (1) 附近有某電荷 Q_1，在隔一段距離的點 (2) 附近則不存在電荷（圖 27-1）。現在假定：隨著時間的推移，電荷 Q_1 會逐漸消失，而與此**同時**卻有某些電荷 Q_2

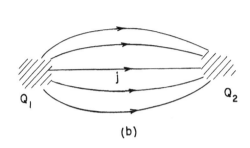

圖 27-1　兩種使電荷守恆的方式：(a) $Q_1 + Q_2$ 為常數；
(b) $dQ_1/dt = -\int \boldsymbol{j} \cdot \boldsymbol{n}\, da = -dQ_2/dt$。

在點 (2) 附近出現，並且以這樣一種方式進行，使得在每一時刻，Q_1 與 Q_2 之和總是一常數。換句話說，在任一中間狀態，Q_1 所喪失的電荷量，應加在 Q_2 之上。那麼世界上的總電荷才會守恆。這是一種「世界規模的」守恆，而不是我們將稱為「局域」守恆的情況，因為要使電荷從點 (1) 轉移至點 (2)，並不要求電荷在兩點之間的任一處出現。就局部而言，該電荷是真正「喪失」了。

　　這一種「世界規模的」守恆律，在相對論中有其困難。在空間中兩處，「同時刻」這一概念對於不同參考系來說是不相同的。在某一參考系中是同時的兩事件，對於從旁運動而過的另一參考系來說則不是同時的。在上述那種「世界規模的」守恆律中，要求從 Q_1 喪失的電荷應該**同時**出現在 Q_2 上。否則，某個時刻就會出現電荷並不守恆。如不打造出一個「局域」守恆律，似乎無法使電荷守恆

律具有相對論性不變。事實上，勞侖茲相對論不變性這一要求，似乎以驚人方式限制了可能有的自然定律。比方說，在現代的量子場論中，人們往往希望經由我們所謂的一種「非局部」交互作用來改變理論，非局部交互作用是指，**這裡**的某件東西會直接影響到**那裡**的某件東西，但我們卻在相對論原理陷入了困境。

「局域」守恆還涉及另一個概念。這個概念表明，電荷之所以能夠從一處移至另一處，在它們之間的空間內必須有某個事件發生。要描述該定律，我們不僅需要電荷密度 ρ，而且也需要另一類的量，即 j，它給出通過一個面的電荷流率的向量。於是，這個流量與電荷密度變化率的關係，可以經由 (27.1) 式聯繫起來。這是守恆律中更為極端的一種。它表明電荷按某一種特殊的形式守恆，也就是「局域」守恆的形式。

事實證明：能量守恆是一種**局域**過程。在某個給定的空間區域內，不但存在能量密度，而且也存在代表穿越表面的能流速率的向量。例如，當一光源向外輻射時，我們能求出從該源流出來的光能。若我們設想某個包圍著該光源的數學曲面，那麼從這個曲面內部所損失的能量，就等於穿越該曲面流出去的能量。

27-2 能量守恆與電磁學

現在我們要定量寫出電磁學的能量守恆。為此，我們必須描述空間任一體積元素內的能量及能流速率各為若干。假設我們首先只考慮電磁場的能量。我們將令 u 代表場的**能量密度**（也就是空間內單位體積的能量），並令向量 S 代表場的**能通量**（即單位時間通過垂直於流動方向的單位面積的能流）。於是，同電荷守恆，即 (27.1) 式完全相似，我們可以把場能量的「局域」守恆律寫成

$$\frac{\partial u}{\partial t} = -\boldsymbol{\nabla} \cdot \boldsymbol{S} \qquad (27.2)$$

當然，這一定律並非普遍正確；說場能量守恆是不對的。假設你在一個黑暗房間裡，打開電燈開關。忽然之間，整個房間裡都充滿了光，所以就有了場方面的能量，儘管在此之前，一點光也沒有。(27.2) 式並非一個完整的守恆律，因為**場**能量**單獨**來說，是不會守恆的，只有世界上的總能量——也包括物質的能量，才會守恆。假如物質對場作了一些功，或場對物質作了一些功，則場的能量將會改變。

然而，若是在我們感興趣的體積內存在物質，則我們知道它具有多少能量：每一個粒子具有能量 $m_0 c^2 \sqrt{1 - v^2/c^2}$。物質的總能量正好是所有粒子能量之和，而通過一個面的能流，就正好是通過這個面的每一個粒子所攜帶的能量之和。現在我們只想談論電磁場的能量。因此我們必須寫出這樣一個方程式，它會說出在某個給定體積內的總**場**能量的減少，**或者**是由於場能量從該體積流出，**或者**是由於場把能量給了物質而有所損失（或從物質獲得能量，那不過是能量的負損失）。在體積 V 內的場能量為

$$\int_V u \, dV$$

而其減少率則是此一積分對時間導數的負值。離開體積 V 的場能流等於 $\boldsymbol{S}$ 的法向分量對包圍著 V 的整個曲面 Σ 的積分，即

$$\int_\Sigma \boldsymbol{S} \cdot \boldsymbol{n} \, da$$

因此，

$$-\frac{\partial}{\partial t} \int_V u \, dV = \int_\Sigma \boldsymbol{S} \cdot \boldsymbol{n} \, da + （對 V 內部物質所作的功） \quad (27.3)$$

我們從前已經知道，場對單位體積物質作功的功率爲 $E \cdot j$。
（作用於一粒子上的力爲 $F = q(E + v \times B)$，因而作功的功率就是
$F \cdot v = qE \cdot v$。若單位體積內共有 N 個粒子，則單位體積的作功
功率爲 $NqE \cdot v$，但 $Nqv = j$。）所以 $E \cdot j$ 這個量必然等於單位時
間、單位體積內場損失的能量。於是 (27.3) 式就變成

$$- \frac{\partial}{\partial t} \int_V u \, dV = \int_\Sigma S \cdot n \, da + \int_V E \cdot j \, dV \qquad (27.4)$$

這是場內能量的守恆律。假若我們能夠把第二項變成體積分，
就可以將這個式子轉變成像 (27.2) 式那樣的微分方程式。這很容易
用高斯定理做到。S 的法向分量的面積分，等於它的散度對整個內
部體積的積分。因此，(27.3) 式就相當於

$$- \int_V \frac{du}{dt} \, dV = \int_V \nabla \cdot S \, dV + \int_V E \cdot j \, dV$$

其中，我們已把第一項的時間導數置於積分之內。由於這一方程式
對於任何體積都適用，因此我們可以移去那些積分，而得到電磁場
的能量方程式

$$- \frac{\partial u}{\partial t} = \nabla \cdot S + E \cdot j \qquad (27.5)$$

現在，這一方程式對我們毫無用處，除非知道 u 和 S 各是什
麼。也許只能告訴你們用 E 和 B 來表達它們的式子，因爲我們眞正
希望得到的只是結果。然而，這兒卻寧願向你們展示 1884 年由坡
印廷（J. H. Poynting, 1852-1914，英國物理學家）用來獲得 S 和 u 的公
式的那種論證，以便使你們知道這些式子是從何而來的。（然而，
對今後的工作來說，你們並不需要記住這些推導。）

27-3 電磁場中的能量密度與能流

有一個概念是，假定存在只取決於 E 和 B 的場能量密度 u 以及能通量 S。（例如，至少我們在靜電學中就已知道，能量密度可以寫成 $\frac{1}{2}\epsilon_0 E \cdot E$。）當然，這裡的 u 和 S 也許會依賴於位勢或其他的東西，但讓我們看看能算出什麼結果來。我們可以嘗試將 $E \cdot j$ 這個量重新寫成爲兩項之和：其中一項是一個量的時間導數，而另一項則是第二個量的散度。這時，那第一個量應該是 u，而第二個量則應該是 S（帶有適當的正負號）。這兩個量都必須只用場來表示；也就是說，我們希望把上述方程式寫成

$$E \cdot j = -\frac{\partial u}{\partial t} - \nabla \cdot S \qquad (27.6)$$

等號左邊應該先只用場來表示。我們如何能做到這一點呢？當然，要用上馬克士威方程組。將關於 B 之旋度的那個馬克士威方程式

$$j = \epsilon_0 c^2 \nabla \times B - \epsilon_0 \frac{\partial E}{\partial t}$$

代入 (27.6) 式左邊，我們得到

$$E \cdot j = \epsilon_0 c^2 E \cdot (\nabla \times B) - \epsilon_0 E \cdot \frac{\partial E}{\partial t} \qquad (27.7)$$

這樣，我們就完成了部分任務。最末一項是時間導數 —— 也就是 $(\partial/\partial t)(\frac{1}{2}\epsilon_0 E \cdot E)$。因此，至少 $\frac{1}{2}\epsilon_0 E \cdot E$ 就是 u 的一部分。這與我們在靜電學中已求得的，是相同的東西。現在，我們必須做的所有事情，就是使另一項納入某種東西的散度之中。

注意 (27.7) 式右邊的第一項與

$$(\nabla \times B) \cdot E \qquad\qquad (27.8)$$

相同。而正如你從向量代數所知道的，$(a \times b) \cdot c$ 與 $a \cdot (b \times c)$ 一樣；因而上面這一項也就等同於

$$\nabla \cdot (B \times E) \qquad\qquad (27.9)$$

於是就有了「某種東西」的散度，這恰好就是我們所需要的。不過這卻是錯的！我們曾警告過你們：雖然 ∇「像」向量，但與向量不「完全」相同。之所以不是向量，是因為有一個來自微積分方面的附加**慣例**：當一微分算符置於一乘積的前面時，它要對右邊每個東西都進行運算。在 (27.7) 式中，∇ 只對 B 運算，而對 E 不運算。但在 (27.9) 式的那種形式中，依正常慣例，∇ 應當對 B 和 E 兩者均進行運算。所以並**不是**同一回事。實際上，若我們算出 $\nabla \cdot (B \times E)$ 的各部分，就能看出它等於 $E \cdot (\nabla \times B)$ 再**加上**某些其他項。這很像當我們取代數中一個積的導數時，所發生的那種情況。例如，

$$\frac{d}{dx}(fg) = \frac{df}{dx}g + f\frac{dg}{dx}$$

我們並不打算將 $\nabla \cdot (B \times E)$ 的所有分量都算出，而只想向你們指明一個對付這種問題的十分有用的技巧。這種技巧允許你將向量代數的所有法則運用到含有算符 ∇ 的式子上，而又不會引起任何麻煩。這技巧就是要丟開，至少暫時丟開與導數算符到底作用在什麼之上有關的微積分記號法則。你會看到，通常，各項的次序用於**兩個**單獨的目的。一個目的是在微分方面：$f(d/dx)g$ 不同於 $g(d/dx)f$；另一個目的則是在向量方面：$a \times b$ 不同於 $b \times a$。倘若我們樂意，可以選擇暫時放棄微分法則。我們不再說，導數要對右邊每件東西都進行運算，而是去制定一項**新**規則，這規則與所寫下來的各

項次序無關。於是我們就能巧妙調動各項，而用不著操心。

　　以下就是我們的新規則：用下標來表示微分算符的運算對象；這樣一來，前後**次序**就沒有什麼意義了。假設令算符 D 代表 $\partial/\partial x$。那麼 D_f 就表示只對變量 f 取導數。於是

$$D_f f = \frac{\partial f}{\partial x}$$

但假如我們有 $D_f fg$，則它指的是

$$D_f fg = \left(\frac{\partial f}{\partial x}\right) g$$

不過要注意，此刻按照我們的新規則，$f\,D_f g$ 也意味著同樣的東西。我們可將同樣的東西任意寫成以下各種形式：

$$D_f fg = g D_f f = f\,D_f g = fg\,D_f$$

你看，D_f 甚至可以處在每件東西**之後**。（像這樣一種方便的記法，竟從未在數學或物理學書中傳授，真令人感到意外。）

　　你可能會好奇：若我**想要**寫出 fg 的導數，該怎麼辦呢？我**想要**的是對**兩**項的導數。那很容易，你只要說出來就行了，即寫下 $D_f(fg) + D_g(fg)$。而這恰好就是 $g(\partial f/\partial x) + f(\partial g/\partial x)$，亦即在舊記法中，你用 $\partial(fg)/\partial x$ 表示的意思。

　　你將會看到，現在算出關於 $\nabla \cdot (B \times E)$ 的新式子變得很容易了。我們從改成新的記法開始；亦即寫出

$$\nabla \cdot (B \times E) = \nabla_B \cdot (B \times E) + \nabla_E \cdot (B \times E) \quad (27.10)$$

當我們這樣做時，就無須再保持次序上的正確了。我們始終知道，∇_E 只對 E 進行運算，而 ∇_B 只對 B 運算。在這種場合下，就能把 ∇ 當作通常的向量那樣來運用。（當然，當運算結束時，就要

回到每人常用的那種「標準」記法上去。）因此，我們現在可以做出像交換內積與外積、對各項進行其他類型的重新排列等各種事情。例如，(27.10) 式的中間項可以重新寫成 $E \cdot \nabla \times B$（你記得，$a \cdot b \times c = b \cdot c \times a$），而最末一項則與 $B \cdot E \times \nabla_E$ 相同。這看起來有些怪誕，但卻沒有什麼問題。現在若我們試圖回到尋常的慣例上來，就必須安排得使 ∇ 只對其「本身的」變量進行運算。第一項已經那樣做了，因此可以只去掉下標。第二項就需要某種調整，才能使 ∇ 移至 E 之前，這我們可經由交換外積的次序，並改變正負號，而做到：

$$B \cdot (E \times \nabla_E) = -B \cdot (\nabla_E \times E)$$

現在式子已經按照慣常次序寫出，因而我們可回到尋常的記法上來。(27.10) 式相當於

$$\nabla \cdot (B \times E) = E \cdot (\nabla \times B) - B \cdot (\nabla \times E) \qquad (27.11)$$

（在這一特殊情況下，較快的方法應該是利用各分量，但花點時間向你們指出這種數學技巧還是值得的。你或許將不會在任何其他地方見到，但把向量代數從導數項的次序規則中解放出來，是極棒的。）

現在我們就回到能量守恆的討論上，並引用我們的新結果，即 (27.11) 式，去變換 (27.7) 式中的 $\nabla \times B$ 項。這樣，能量方程式就變成

$$E \cdot j = \epsilon_0 c^2 \nabla \cdot (B \times E) + \epsilon_0 c^2 B \cdot (\nabla \times E) - \frac{\partial}{\partial t} (\tfrac{1}{2}\epsilon_0 E \cdot E)$$
$$(27.12)$$

現在你看到，我們幾乎完成任務了。我們有一項是 t 的漂亮導數，可當作 u，而另一項則代表 S 的美妙散度。可惜，那中間項仍舊保

留下來，它既不是散度，又不是 t 的導數。所以我們已經接近勝利，但還不完全。在一番思考後，我們回頭查看馬克士威的方程組，幸運的發現 $\nabla \times \boldsymbol{E}$ 等於 $-\partial \boldsymbol{B}/\partial t$，這就意味著我們可以將這單獨項轉變成單純的時間導數：

$$\boldsymbol{B} \cdot (\nabla \times \boldsymbol{E}) = \boldsymbol{B} \cdot \left(-\frac{\partial \boldsymbol{B}}{\partial t}\right) = -\frac{\partial}{\partial t}\left(\frac{\boldsymbol{B} \cdot \boldsymbol{B}}{2}\right)$$

現在，我們完全具有所需要的一切了。我們的能量方程式可寫成

$$\boldsymbol{E} \cdot \boldsymbol{j} = \nabla \cdot (\epsilon_0 c^2 \boldsymbol{B} \times \boldsymbol{E}) - \frac{\partial}{\partial t}\left(\frac{\epsilon_0 c^2}{2} \boldsymbol{B} \cdot \boldsymbol{B} + \frac{\epsilon_0}{2} \boldsymbol{E} \cdot \boldsymbol{E}\right) \quad (27.13)$$

完全像 (27.6) 式，只要下這樣兩個定義：

$$u = \frac{\epsilon_0}{2} \boldsymbol{E} \cdot \boldsymbol{E} + \frac{\epsilon_0 c^2}{2} \boldsymbol{B} \cdot \boldsymbol{B} \quad (27.14)$$

和

$$\boldsymbol{S} = \epsilon_0 c^2 \boldsymbol{E} \times \boldsymbol{B} \quad (27.15)$$

（交換外積的次序，使正負號變得正確。）

我們的計畫是成功的。我們有一個能量密度的式子，是「電」與「磁」兩種能量密度之和，形式正好就像我們以前在靜場情況下求得的形式，**那時我們計算出了用場表示的能量**。並且，我們也已找到了電磁場的能流向量的公式。此一新向量，$\boldsymbol{S} = \epsilon_0 c^2 \boldsymbol{E} \times \boldsymbol{B}$，依其發現者的名字，稱為「坡印廷向量」。它告訴我們場能量在空間各處流動的速率，每秒流經一小面積 da 的能量為 $\boldsymbol{S} \cdot \boldsymbol{n}\, da$，其中 $\boldsymbol{n}$ 為垂直於 da 的單位向量。（現在我們有了 u 和 $\boldsymbol{S}$ 的公式，若樂意的話，你可忘掉那些推導過程。）

27-4　場能量的不確定性

在考慮坡印廷公式（(27.14) 和 (27.15) 式）的某些應用前，我們希望說明，我們並未真正「證明」這些公式。我們所做的，不過是找到了一個**可能的** u 和一個**可能的** S。我們怎能知道，經由巧妙安排各項的前後次序，無法再找到「u」和「S」的其他公式呢？這個新的 S 和這個新的 u 可能是不同的，但它們仍應該滿足 (27.6) 式。這是可能的。這是辦得到的，不過所找到的公式，其形式總是含有場的各種**導數**（總會有像二階導數或一階導數平方那樣的二次項）。

事實上，有無數個 u 和 S 的不同可能性，而迄今還沒有人想出實驗方法來判斷哪一個是對的！人們曾猜測最簡單的一個可能是對的，但我們必須說明，我們無法確知電磁場能量究竟坐落於空間中何處。因此，我們就用容易的辦法選取，並說場的能量是由 (27.14) 式給出。於是，能流向量 S 也必然由 (27.15) 式給出。

有趣的是，似乎沒有唯一的方法可解決場能量位置的不確定性問題。有時人們會宣稱，這一問題可以藉由利用重力理論，按照下述論證來加以解決。在重力理論中，一切能量都是重力之源。因此，若我們想知道重力是沿哪個方向作用的，則電的能量密度必須被適當定位出來。然而，迄今為止，還未有人曾做過這樣精密的實驗，使得電磁場的重力效應的精確位置可確定出來。因而，僅僅只有電磁場，就可以做為重力之源，這一概念是不容易放棄的。事實上，確實有人曾觀測到，當光靠近太陽通過時，會受到偏轉──我們可以說，太陽把光往自己本身吸引過來。你難道不要考慮，光同樣也在吸引太陽嗎？反正，每個人總是接受我們所找到的那些電磁

能的位置及其能流的簡單式子。儘管有時候，運用那些式子獲得的結果，似乎有點奇怪，但卻從未有人找出那些結果的毛病——亦即，沒有跟實驗不一致。因此，我們將跟隨世界上其他人，此外，我們相信它可能是完全正確的。

關於能量公式，我們應該做進一步的評述。首先，場中單位體積的能量是很簡單的：就是靜電能量加上磁場能量，**假若**靜電能量用 E^2，而磁場能量用 B^2 寫出來的話。我們過去計算靜態問題時，就曾得出兩個這樣的式子，做為能量的**可能**式子。我們也曾求得靜電場中能量的若干個其他公式，比如 $\rho\phi$，在靜電情況下，它**等於** $\boldsymbol{E} \cdot \boldsymbol{E}$ 的積分。然而，在電動場中，該等式將失效，而至於哪個式子正確，過去從未有明確的決定。現在我們才知道哪一個是對的。同樣，我們找到了一個普遍正確的磁能量公式。對**動態**電磁場的能量密度而言，正確的公式就是 (27.14) 式。

27-5 能流實例

我們所具有的能流向量 $\boldsymbol{S}$ 的公式，是相當新鮮的事物。我們現在就要來看看，在某些特殊情況下，它是如何運作的，同時也看看它是否與以前已知的任何事物互相驗證。我們舉的第一個例子是光。在一光波中，$\boldsymbol{E}$ 向量與 $\boldsymbol{B}$ 向量互相垂直，而且也垂直於波的傳播方向（見圖 27-2）。

在電磁波中，$\boldsymbol{B}$ 的大小等於 $1/c$ 乘上 $\boldsymbol{E}$ 的大小，而且由於它們互相垂直，所以可寫成

$$|\boldsymbol{E} \times \boldsymbol{B}| = \frac{E^2}{c}$$

因此，對於光來說，每秒通過單位面積的能流為

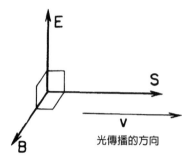

圖 27-2　一光波中的 E、B 和 S 向量

$$S = \epsilon_0 c E^2 \qquad (27.16)$$

在 $E = E_0 \cos \omega (t - x/c)$ 的這種光波中，每單位面積能流的平均速率，即 $\langle S \rangle_{平均}$ —— 也稱為光的「強度」（intensity），為電場平方的平均值乘以 $\epsilon_0 c$：

$$強度 = \langle S \rangle_{平均} = \epsilon_0 c \langle E^2 \rangle_{平均} \qquad (27.17)$$

　　信不信由你，我們在第 I 卷第 31-5 節學習光學時，就已經導出過這一結果。我們應該可以相信這結果是對的，因為這也被其他事物檢驗過了。當我們有一光束時，空間中就存在由 (27.14) 式所給出的能量密度。對於光波，利用 $cB = E$，我們得到

$$u = \frac{\epsilon_0}{2} E^2 + \frac{\epsilon_0 c^2}{2} \left(\frac{E^2}{c_2} \right) = \epsilon_0 E^2$$

但 E 在空間中變化，因而平均能量密度為

$$\langle u \rangle_{平均} = \epsilon_0 \langle E^2 \rangle_{平均} \qquad (27.18)$$

既然，波以速率 c 傳播，所以我們應該想到，每秒穿過一平方公尺的能量等於 c 乘以每立方公尺中的能量。因此我們會說

$$\langle S\rangle_{\text{平均}} = \epsilon_0 c \langle E^2\rangle_{\text{平均}}$$

上式是對的：因為它與 (27.17) 式相同。

　　現在我們舉另一個例子。這是相當奇妙的一個例子。我們來考察正在緩慢充電的電容器中的能流。（我們並不要那麼高的頻率，以致電容器開始表現得像一個共振空腔，而我們也不要直流電。）假定我們用一個普通類型的圓形平行板電容器，如圖27-3所示；在其內部有一近乎均勻且隨時間變化的電場。在任何時刻，它內部的總電磁能等於 u 乘以體積。若兩板的半徑均為 a，且相隔 h，則兩板間的總能量為

$$U = \left(\frac{\epsilon_0}{2} E^2\right)(\pi a^2 h) \tag{27.19}$$

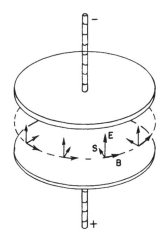

圖27-3　正在充電的電容器附近，坡印廷向量 S 會朝內指向軸心。

當 E 改變時,這個能量也在改變。當電容器充電時,位於兩板間的體積,正在以速率

$$\frac{dU}{dt} = \epsilon_0 \pi a^2 h E \dot{E} \qquad (27.20)$$

接受能量。因此一定會有從某處進入該體積中的能流。當然,你知道,它必定從那些用來充電的導線進來——但完全不是這樣!它不可能由那個方向流入兩板內的空間,因為 E 是與板垂直的,所以 $E \times B$ 就一定與兩板平行。

　　當然,你會記得,當電容器正在充電時,會有一個環繞軸的磁場。我們在第 23 章中曾論及此事。利用馬克士威方程組中最後一個方程式,我們求得電容器邊緣上的磁場由下式給出:

$$2\pi a c^2 B = \dot{E} \cdot \pi a^2$$

也就是

$$B = \frac{a}{2c^2} \dot{E}$$

它的方向如圖 27-3 所示。因此有正比於 $E \times B$ 的能流從邊緣四周進入,如圖中所示。能量實際上並不是從導線下來的,而是來自於圍繞著電容器的空間。

　　讓我們來核對一下,通過兩板邊緣間的整個面的總能流,是否與其內部能量的變化率相符——看來這樣較好;雖然我們研究了證明 (27.15) 式這一工作的全部過程,但還是讓我們來弄清楚。該面的面積為 $2\pi a h$,而 $S = \epsilon_0 c^2 E \times B$ 的量值為

$$\epsilon_0 c^2 E \left(\frac{a}{2c^2} \dot{E} \right)$$

因此總能流為

$$\pi a^2 h \epsilon_0 E \dot{E}$$

這的確與(27.20)式相符。但這告訴我們一件奇怪的事情:當對電容器充電時,能量並不是沿導線下來的;而是穿過邊緣的間隙進來的。這就是此一理論所說的!

怎麼會是這樣子呢?這**不是**很容易回答的問題,但這兒有一個考慮該問題的方法。假設在電容器的上面和下面很遠處都有一些電荷。當電荷離得很遠時,會有一個微弱但極其分散的場,包圍著電容器(見圖27-4)。於是,當這些電荷靠攏時,離電容器愈近,場就變得愈強。因此,遠處的場能會朝電容器移動,並最終停駐於兩

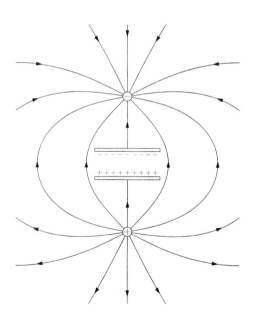

圖27-4 把兩電荷從遠處移來對一電容器充電時,在電容器外面的場的情形。

板之間。

　　舉另一個例子，試問在一根有電阻的導線中，當它載有電流時會發生什麼情況。既然此導線有電阻，則沿著導線方向，有一驅動電流的電場。由於沿導線有電位降，因而就在導線外面存在與其表面平行的電場（見圖 27-5）。此外，還有由電流產生的磁場，環繞著導線。**E** 和 **B** 互相垂直；因而有一個沿半徑指向內的坡印廷向量，如圖中所示。有一個從周圍各處進入導線的能流。當然，這等於導線中以熱的形式損耗掉的能量。

　　我們這「瘋狂」理論說道：由於能量從外面的場流進了導線，電子才獲得它們用以產生熱的那些能量。直覺似乎告訴我們，電子是由於沿著導線受推動才獲得能量的，因而這些能量應該是沿導線流下（或流上）的。但這一理論卻說：電子實際上是受來自遠處的某些電荷的電場所推動的，而它們從這些場獲得了產生熱的能量。能量總會莫明其妙的從遙遠處的電荷流進空間的廣闊區域，然後又

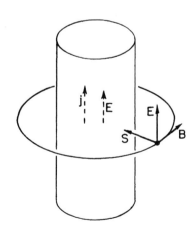

圖 27-5　在一根載流導線附近的坡印廷向量 **S**

流進導線中去。

　　最後，為了使你確實相信，這一理論顯然是瘋狂的，我們將再舉一個例子，其中有一電荷與一塊磁鐵互相鄰近、但都靜止的例子，即兩者都固定不動。假設舉例來說，其中的點電荷置於條形磁鐵中點附近，如圖 27-6 所示。每一件東西都是**靜止**的，從而能量並不會隨時間變化。而且，*E* 和 *B* 也都是完全靜止的。可是，坡印廷向量卻說存在一個能流，因為 *E* × *B* 並不等於零。假若你考察此能流，將發現它不過是一圈圈的循環旋轉。能量在任何一處都沒有變化——凡是流進某一體積內的東西都會再流出來。這很像不可壓縮的水在環流。因此，在這所謂靜態的情況下，存在著能量的環流。這是多麼荒謬啊！

　　然而，當你記起我們所謂的「靜」磁，實際上是一種環行的永久電流時，這也許就不是那麼令人困惑了。在一塊永久磁體中，其內部電子恆在旋轉。這樣一來，能量在外面環流，也許就不是那麼奇怪了。

　　你無疑開始得到這樣一個印象，即坡印廷理論至少部分違背了你對於電磁場中的能量位於何處的那種直覺。你也許會相信，你必

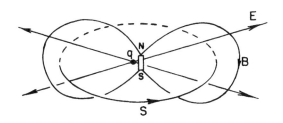

圖 27-6　電荷與磁鐵會產生一個繞閉合迴路循環的坡印廷向量 *S*。

須改造自己所有的直覺，因而在這裡有許多東西得學習。但實際上似乎並不需要。你若有時忘記了導線裡的能量是從外面進來，而非沿導線傳來的，也無須覺得自己即將遇到很大的麻煩。當應用能量守恆的概念時，過於仔細注意能量所取的路徑，似乎價值不大。能量圍繞著一塊磁鐵和一個電荷在兜圈子的大多數情況，似乎很不重要。這並非重要的細節，但很清楚，我們平常的直覺是大錯特錯的。

27-6 場動量

接下來，我們想要談論電磁場中的**動量**。正如場具有能量那樣，它的每單位體積也將具有一定的動量。讓我們稱它為動量密度 g。當然，動量具有各種可能的方向，因而 g 必定是個向量。讓我們每次談一個分量；首先，考慮 x 分量。由於動量的每一分量都守恆，我們應該可以寫下有點像這樣的定律：

$$-\frac{\partial}{\partial t}\begin{pmatrix}物質的\\動量\end{pmatrix}_x = \frac{\partial g_x}{\partial t} + \begin{pmatrix}流出的\\動量\end{pmatrix}_x$$

左邊是容易理解的。物質動量的變化率正好就是作用於其上的力。對於一個粒子來說，此力就是 $F = q(E + v \times B)$；對於電荷分布來說，則作用於單位體積上的力為 $(\rho E + j \times B)$。然而，「流出的動量」這項卻有些奇怪。它不可能是一個向量的散度，因為它並非純量；它其實是某一向量的 x 分量。無論如何，它看起來應該有點像

$$\frac{\partial a}{\partial x} + \frac{\partial b}{\partial y} + \frac{\partial c}{\partial z}$$

因為 x 動量可以在三個方向中的任一個方向上流動。總之，不管 a、b 和 c 是什麼，這個組合被認為是 x 動量的流出量。

現在這場遊戲應該是僅僅用 E 和 B 來寫出 $\rho E + j \times B$ ——利用馬克士威方程組消掉 ρ 和 j，然後才對那些項調整，並做一些代換，使它看來像如下形式：

$$\frac{\partial g_x}{\partial t} + \frac{\partial a}{\partial x} + \frac{\partial b}{\partial y} + \frac{\partial c}{\partial z}$$

之後，經由辨認那些項，便可得到 g_x、a、b 和 c 的表示式。這方法的工作量很大，我們並不打算這樣做，而只準備找出動量密度 g 的表示式——而且是經由另一方法來求得。

在力學中有一項重要定理，那就是：在任何場合下，每當有能量（場能或任何其他類型的能量）流動時，則單位時間流經單位面積的能量乘以 $1/c^2$ 就等於空間內單位體積的動量。在電動力學的特殊情況下，這一定理給出了 g 等於 $1/c^2$ 乘以坡印廷向量的結果：

$$g = \frac{1}{c^2} S \qquad (27.21)$$

因此，坡印廷向量不但會給出能流，而且只要除以 c^2，也就給出了動量密度。同樣的結果，可從我們提出過的其他分析方法獲得，但更有意義的是去注意這個更加普遍的結果。現在我們將提供若干個有趣的例子及論證，以便使你們相信這個普遍定理是正確的。

第一個例子：假設在一個箱子內有大量粒子——比方說，每立方公尺內含有 N 個粒子，而且它們以某個速度 v 運動。現在就來考慮一個垂直於 v 的想像平面。每秒通過這個平面上單位面積的能流，等於每秒流過的粒子數 Nv 乘以每一粒子所帶的能量。因每個粒子的能量為 $m_0 c^2/\sqrt{1 - v^2/c^2}$，所以每秒的能流就是

$$Nv \frac{m_0 c^2}{\sqrt{1 - v^2/c^2}}$$

但每個粒子具有的動量為 $m_0 v/\sqrt{1 - v^2/c^2}$，因而動量**密度**為

$$N \frac{m_0 v}{\sqrt{1 - v^2/c^2}}$$

這恰好就是 $1/c^2$ 乘以能流──正如該定理所說的。因此，對於一群粒子來說，這定理是正確的。

這定理對於光來說，也是正確的。我們在第 I 卷中學習光學時，就曾看到，當從一束光吸收能量時，會有一定動量傳遞給吸收體。事實上，我們在第 I 卷第 34 章中曾經證明，動量等於 $1/c$ 乘以所吸收的能量（第 I 卷的 (34.26) 式）。若令 U_0 表示每秒到達單位面積的能量，則每秒到達單位面積上的動量就是 U_0/c。但動量以速率 c 傳播，因而在吸收體前面的動量**密度**就必然是 U_0/c^2。因此，再次表明該定理是正確的。

最後，我們將提供一個出自愛因斯坦的論據，再次證明了同樣的事情。

假設有一火車車廂在軌道上（假定沒有摩擦力），此車廂具有某巨大質量 M。車廂一端配有能夠發射出一些粒子或光（或任何其他東西，到底是哪種東西，並沒有差別）的裝置，然後這射出的東西就給車廂另一端截住了。在車廂一端原來有某一能量──比方說圖 27-7(a) 中所標明的能量 U，而後它轉移到對面那一端，如圖 27-7(c) 所示。這能量 U 移過了一段等於車廂長度的距離 L。既然能量 U 具有質量 U/c^2，因而要是車廂保持不動的話，車廂的重心必然會移動。愛因斯坦不喜歡一物體的重心可以只憑在其內部瞎胡鬧一番就能使其移動這種想法，因而他假定，經由在物體內部做任何事來移動其重心，是不可能的。但假如事實確是那樣，則當我們把能量 U 從一端移至另一端時，整個車廂就應反衝一段距離 x，如圖 (c) 中所示。事實上，你可以看到，車廂的總質量乘以 x，必定等於所移動能量的質量 U/c^2 乘以 L（假定 U/c^2 比 M 要小得多）：

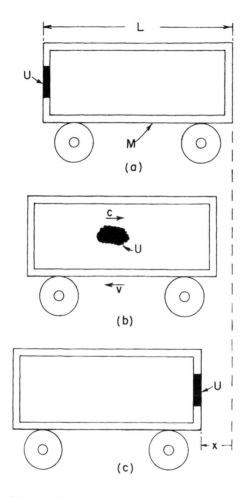

圖27-7 以速率 c 運動的能量 U，帶有動量 U/c。

$$Mx = \frac{U}{c^2} L \qquad (27.22)$$

現在讓我們來考察一下，能量由一次閃光所攜帶這種特殊情況。（此論證也同樣適用於粒子，但我們將跟隨愛因斯坦，他對於

光的問題感興趣。）是什麼東西造成車廂移動呢？愛因斯坦的主張如下：當光發射出來時，一定存在反衝，即帶有動量 p 的某一未知的反衝。正是這一反衝，才使車廂向後滑動。車廂的反衝速度 v，等於這一動量除以車廂質量：

$$v = \frac{p}{M}$$

車廂以這一速度運動，直至光的能量到達對面一端為止。然後，當光碰到時，它交還了動量，並使車廂停住。假若 x 很小，則車廂運動的時間約等於 L/c；所以我們有

$$x = vt = v\frac{L}{c} = \frac{p}{M}\frac{L}{c}$$

將此 x 值代入 (27.22) 式中，我們得到

$$p = \frac{U}{c}$$

我們又一次得到了光的能量與動量的關係。用 c 相除，則可得動量密度 $g = p/c$，因而再次得到

$$g = \frac{U}{c^2} \tag{27.23}$$

　　你可能會覺得奇怪：為何重心定理如此重要？也許**它**是錯的。或許是吧，但那時，我們也可能喪失角動量守恆律。假定我們的車廂沿著軌道以某一速率 v 前進，而同時我們將某些能量從車**頂**射向車**底**——比方說，從圖 27-8 中的 A 點射向 B 點。現在我們來考察此一系統相對於 P 點的角動量。能量 U 在離開 A 點之前，它具有質量 $m = U/c^2$ 和速度 v，從而具有角動量 mvr_A。當能量抵達 B 點時，仍具有相同的質量，而倘若整個車廂的**線**動量不發生**變化**，則能量必定仍具有速度 v。這時能量相對於 P 點的角動量就是 mvr_B。角動

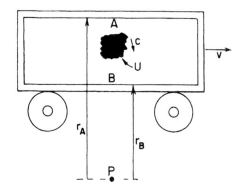

圖 27-8　假如相對於 P 點的角動量是守恆的，則能量 U 應帶有動量
　　　　U/c。

量將會改變，**除非**當光發射出來時，正確的反衝動量曾給予車廂
──也就是說，除非光攜帶動量 U/c。結果變成，角動量守恆與重
心定理在相對論中是緊密相聯的。因此，要是我們的重心定理不正
確，則角動量守恆就會遭受破壞。無論如何，我們已經弄清楚它是
一項正確的普遍定律，而在電動力學的情況下，我們可以用它來獲
得場的動量。

　　我們將進一步提及兩個電磁場中的動量的例子。我們在第 26-2
節中曾指出，當兩個帶電粒子在互相垂直的軌跡上運動時，作用反
作用定律失效了。作用於兩粒子上的力並不平衡，因而作用並不等
於反作用；這樣一來，物質的淨動量必然正在改變，它是不守恆
的。但在這種情況下，場的動量也正在改變。假如你算出由坡印廷
向量所給出的動量，它不會是一個常數。然而，粒子動量的改變，
剛好由這個場的動量所抵償，所以粒子加場的總動量是守恆的。

　　最後，另一個例子則是如圖 27-6 所示的具有磁鐵與電荷的那種

情況。我們曾因發現有能量環繞流動而感到不快，但此刻，由於我們知道能流與動量成正比，所以我們也知道在空間中有環行的動量。可是**環流的**動量就意味著存在**角**動量。因此在場中有**角**動量。你是否記得，在第 17-4 節中，我們描述過放在圓盤上的一個螺線管和若干個電荷的那個弔詭？似乎當電流中**斷**時，整個圓盤會開始旋轉。令人迷惑的是：角動量來自於何處？答案是：假如你有一磁場與某些電荷，則在場中會有某一角動量。當場建立時，角動量必定已給放置在那兒了。當場被去除時，這一角動量被還了回來。因此在該弔詭中的圓盤就**應該**開始轉動。這一神祕的能量環流，最初似乎是如此荒謬可笑，但卻是絕對必要的。確實有一個動量流。為了在整個世界中保持角動量守恆，它是必需的。

第28章

電磁質量

28-1 點電荷的場能量

在將相對論和馬克士威方程組結合在一起的過程中，我們完成了電磁理論的主要工作。當然，我們曾略去某些細節，和以後將會涉及的廣闊領域——電磁場與物質的交互作用。但我們要稍微停留一下，以便向你們指明，這座崇高大廈儘管在解釋那麼多現象上是如此美妙成功，但最終卻徹底塌下了。當你追隨物理學的任一方面走得太遠，總會發現它將碰到某種困難。

現在我們就來討論一個嚴重的難題——古典電磁理論的失敗。你可以認知到，由於量子力學效應，所有古典物理都失敗了。古典力學是一種與數學一致的理論，它只是與經驗不符而已。然而，有趣的是，古典電磁理論就其本身而言，已是一種無法令人滿意的理論。有一些困難與馬克士威理論的**概念**有關，但這些困難卻不是量子力學所能解決或與之直接相關的。你可能會說：「為這些困難操心，也許沒什麼用處。既然量子力學將要修改電動力學，我們應該等修正之後，再看看還有什麼困難。」然而，當電磁理論結合到量子力學時，那些困難卻依然存在。因此，我們現在考察這些困難到底是什麼，並不算浪費時間。此外，從能夠跟隨理論足夠遠到可理解每件事，包括一切困難，你可能會得到某種成就感。

把電磁理論應用於電子或其他帶電粒子時，我們所談論的困難與電磁動量與能量的概念有關。結構簡單的帶電粒子和電磁場的概念，在一些方面是互相矛盾的。為了描述這些困難，我們從演算一些能量與動量方面的習題開始。

首先，我們計算一個帶電粒子的能量。假設採取一個簡單的電子模型，其中全部電荷 q 都分布在半徑為 a 的球面上，對於點電荷

的特殊情況，a 可取爲零。現在讓我們計算電磁場中的能量。假若該電荷靜止不動，就不會有磁場，則每單位體積的能量正比於電場的平方。電場的大小爲 $q/4\pi\epsilon_0 r^2$，因而能量密度爲

$$u = \frac{\epsilon_0}{2} E^2 = \frac{q^2}{32\pi^2\epsilon_0 r^4}$$

要獲得總能量，就得將這個密度對全部空間積分。利用體積元素 $4\pi r^2\,dr$，則我們稱爲 $U_{電}$ 的總能量就是

$$U_{電} = \int \frac{q^2}{8\pi\epsilon_0 r^2}\,dr$$

這很容易積分出來。由於下限爲 a，且上限爲 ∞，因而有

$$U_{電} = \frac{1}{2}\frac{q^2}{4\pi\epsilon_0}\frac{1}{a} \tag{28.1}$$

若用電子電荷 q_e 來代替 q，並用 e^2 符號來代替 $q_e^2/4\pi\epsilon_0$，則

$$U_{電} = \frac{1}{2}\frac{e^2}{a} \tag{28.2}$$

這全都很好，直到對一個點電荷，我們令 a 趨於零——才出現很大的困難。由於場的能量密度與離中心距離的四次方成反比，所以它的體積分爲無限大。在一個點電荷周圍的場中，竟有無限大的能量。

　　無限大的能量有何不安之處呢？假如能量不能跑出去，而必定永遠保持在那裡，那麼無限大的能量是否會造成任何真正的困難呢？當然，出現無限大的能量，可能是惱人的，但真正緊要的，卻是究竟有無任何**可觀測的**物理效應。爲回答這一問題，我們必須轉到能量以外的其他事情上去。假定我們問，當**移動**電荷時，能量如何**變化**。那時，倘若**變化**爲無限大，我們就陷進麻煩中了。

28-2 運動電荷的場動量

設想一電子以等速穿越空間,暫時假定此速度相較於光速來說是很小的。即使電子在帶電之前沒有質量,有一動量與此電子相繫,這由電磁場中的動量引起。我們能夠證明,此一場動量是在電荷速度 v 的方向上,而且對於小的速度來說,場動量與 v 成正比。在與電荷中心的距離為 r、與運動路線成角度 θ 的 P 點處(見圖 28-1),電場是徑向的,而且正如我們已經知道的那樣,磁場為 $v \times E/c^2$。根據 (27.21) 式,動量密度為

$$\boldsymbol{g} = \epsilon_0 \boldsymbol{E} \times \boldsymbol{B}$$

它斜對著運動路線,如圖中所示,並具有大小

$$g = \frac{\epsilon_0 v}{c^2} E^2 \sin \theta$$

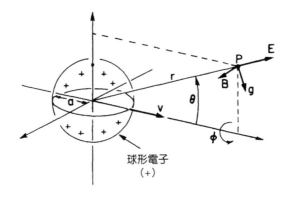

球形電子
(+)

圖 28-1　一個正電子的 E 場、B 場及動量密度 g。對於負電子來說,E 和 B 都反向,但 g 的方向不變。

這些場對稱於運動路線，因而當我們對整個空間積分時，橫向分量加起來就會等於零，結果給出一個平行於 v 的合動量。在這個方向上，g 的分量為 $g \sin \theta$，我們必須對它在全部空間進行積分。取一個其平面垂直於 v 的圓環，做為體積元素，如圖 28-2 所示。圓環的體積為 $2\pi r^2 \sin \theta \, d\theta \, dr$，於是總動量為

$$p = \int \frac{\epsilon_0 v}{c^2} E^2 \sin^2 \theta \, 2\pi r^2 \sin \theta \, d\theta \, dr$$

由於 E 與 θ 無關（對於 $v \ll c$），所以我們可立即對 θ 積分；此一積分為

$$\int \sin^3 \theta \, d\theta = - \int (1 - \cos^2 \theta) \, d(\cos \theta) = -\cos \theta + \frac{\cos^3 \theta}{3}$$

由於 θ 積分的上下限分別為 0 和 π，因而這個 θ 積分只給出一個因子 4/3，因而有

$$p = \frac{8\pi}{3} \frac{\epsilon_0 v}{c^2} \int E^2 r^2 \, dr$$

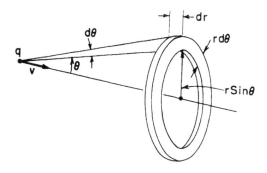

圖 28-2　用來計算場動量的體積元素 $2\pi r^2 \sin \theta \, d\theta \, dr$

這個積分（對於 $v \ll c$）就是我們剛才在求能量時算出過的；它為 $q^2/16\pi^2\epsilon_0^2 a$，因而

$$p = \frac{2}{3}\frac{q^2}{4\pi\epsilon_0}\frac{v}{ac^2}$$

也就是

$$p = \frac{2}{3}\frac{e^2}{ac^2}v \qquad (28.3)$$

場中的動量——電磁動量，與 v 成正比。這正是我們該有的粒子動量，而粒子的質量就等於 v 前面的係數。因此，我們可將此一係數稱為**電磁質量**（$m_{電磁}$）並寫成

$$m_{電磁} = \frac{2}{3}\frac{e^2}{ac^2} \qquad (28.4)$$

28-3 電磁質量

　　質量來自何處呢？在我們的力學定律中，曾假定每一物體都「帶有」一種我們稱之為質量的東西——這也意味著，它「帶有」正比於其速度的動量。現在發現，一個帶電粒子帶有正比於其速度的動量，這是可以理解的。事實上，也許質量不過是這種電動力學效應。質量的起源，迄今仍未得到解釋。我們終於在電動力學理論中，有極好的機會來理解我們以前從未理解過的東西。意外的——更確切的說，是從馬克士威（James Clerk Maxwell, 1831-1879，英國物理學家）與坡印廷那兒得到下述結果：任一粒子正是由於電磁影響，才具有正比於其速度的動量。

　　讓我們暫且保守一些說，存在兩種質量——物體的總動量可以是力學動量與電磁動量之和。力學動量是「力學」質量（$m_{力學}$）乘

以 v。在實驗中，我們經由觀測一個粒子有多少動量，或觀測粒子在軌道各處如何旋轉，來測量其質量，我們正在測量的是其總質量。普遍的說，動量等於總質量（$m_{力學} + m_{電磁}$）乘以速度。因此，凡觀測到的質量，都可能含有兩部分（或可能有更多部分，要是我們還包括其他場的話）：力學部分，加上電磁部分。我們知道確實有一個力學部分，而且對於它已經有一個公式了。另外還有一個可能性令人興奮，即力學部分根本就不存在——質量全都是電磁質量。

讓我們來看看，要是電子不具有力學質量的話，它會有多大。令 (28.4) 式中的電磁質量等於觀測到的電子質量（m_e），我們可以找出答案。我們得到

$$a = \frac{2}{3} \frac{e^2}{m_e c^2} \tag{28.5}$$

而

$$r_0 = \frac{e^2}{m_e c^2} \tag{28.6}$$

這個量稱為「古典電子半徑」，數值為 2.82×10^{-13} 公分，約等於原子直徑的十萬分之一。

為何將 r_0 稱為電子半徑，而不是 a 呢？因為我們也可以用另外假定的電荷分布（電荷或許均勻分布在一個球體中，或者電荷或許會往外散開成模糊的球體一樣）來做同樣的計算。對於任一特殊假定，因子 2/3 會變成其他的分數。例如，對於均勻分布在一個球體內的電荷，這 2/3 就得由 4/5 代替。與其去爭辯哪一個分布是對的，倒不如決定將 r_0 定義為「標準」半徑。然後，不同的理論就可以提供其所喜愛的係數。

讓我們繼續研究質量的電磁理論。上面的計算是針對 $v \ll c$ 的情況；假若進入高速的情況，又將發生什麼事呢？早期的嘗試曾導

致某些困惑,但勞侖茲(Hendrik Antoon Lorentz, 1853-1928,荷蘭物理學家)認識到帶電球體在高速情況下會收縮成一個橢球,而場則會按照我們在第 26 章中對於相對論情況所導出的 (26.6) 和 (26.7) 式改變。若你對這種情況下的 p 進行積分,將發現:對於任意速度 v,動量將會改變,要再乘上一個因子 $1/\sqrt{1 - v^2/c^2}$:

$$p = \frac{2}{3}\frac{e^2}{ac^2}\frac{v}{\sqrt{1 - v^2/c^2}} \tag{28.7}$$

換句話說,電磁質量會隨速度增加,增加的倍率為 $\sqrt{1 - v^2/c^2}$ ——
這是一項在相對論問世之前就已獲得的發現。

為了確定粒子質量中,有多少屬力學性質,又有多少屬電性質,早期曾提出了一些實驗,測量一個粒子的觀測質量如何隨速度而改變。當時人們相信,電的部分才**會**隨速度變化,而力學部分則**不會**。可是,當那些實驗正在進行之際,理論家也仍在繼續工作。不久之後,相對論發展起來,它提出,不管質量源自於什麼,**全部**都應當隨 $m_0/\sqrt{1 - v^2/c^2}$ 變化。(28.7) 式就是「質量與速度有關」這一理論的開端。

現在讓我們回到曾導致 (28.2) 式的場能的計算。根據相對論,能量 U 將具有質量 U/c^2;於是 (28.2) 式說,電子的場應該具有質量

$$m'_{電磁} = \frac{U_電}{c^2} = \frac{1}{2}\frac{e^2}{ac^2} \tag{28.8}$$

這不同於 (28.4) 式中的電磁質量 $m_{電磁}$。事實上,只要我們結合 (28.2) 和 (28.4) 兩式,便可寫出

$$U_電 = \frac{3}{4}m_{電磁}c^2$$

這一公式在相對論之前就已被發現,而當愛因斯坦及其他人開始意識到 $U = mc^2$ 必定總是成立時,引起很大的困惑。

28-4 電子作用於自身的力

電磁質量的兩個公式之間存在差異，特別惱人，因為我們已經小心的證明過，電動力學理論與相對性原理是一致的。然而相對論卻無疑含有動量必定等於能量乘以 v^2/c^2 的意思。因此我們就陷於某種麻煩之中，我們必然是犯了錯誤。我們從未在計算中犯過代數方面的錯誤，但可能遺漏了某種東西。

在推導能量與動量的方程式時，我們假定過一些守恆律。我們設想將**所有的**力都考慮進來，而且將任何由「非電」機制所作的功與所帶的動量都包括進來。現在假若有一個帶電球體，且電力全都是斥力，則電子將**趨**於飛散。由於此一系統具有不平衡的力，所以我們可能在能量與動量相關的定律中犯了各種類型的錯誤。

為了得到**協調一致的**圖像，我們必須想像有某種東西將電子結合在一起。那些電荷必須由某種橡皮筋，某種不會使電荷飛散的東西，**束縛**在一個球體之內。這最早是由龐卡赫（Jules Henri Poincaré, 1854-1912，法國數學家、物理學家）指出，這些橡皮筋，或任何能把電子結合在一起的東西，必須包括在能量和動量的計算之內。為此緣故，這一附加的非電性力被賜以更優雅的名字：「龐卡赫應力」。假若這些附加力也包括在計算之中，則用兩種方式計算出的質量將有所改變（在某種意義上，改變的程度取決所假設的細節）。而結果與相對論一致；也就是說，從動量計算得到的質量，與從能量計算得到的質量相同。然而，它們都包含**兩種**來源的貢獻：來自電磁質量，以及來自龐卡赫應力的貢獻。只有當這兩方面相加起來時，我們才能獲得協調一致的理論。

因此，想要按照我們所希望的方式，得出所有質量都屬電磁性

質這樣的結論，是不可能的。假若我們在電動力學之外就沒有任何其他東西，那它就不是一個能自圓其說的理論。必須還要補充其他東西，不管你怎麼稱呼它們——「橡皮筋」、或是「龐卡赫應力」、還是其他什麼，要構成這種協調一致的理論，自然界中就必須存在其他的力。

顯然，當我們不得不把一些力放進電子內部時，整個概念的美妙之處就開始消失。事情變得非常複雜。你可能會問：那些應力有多強呢？電子怎樣搖動呢？它在振盪嗎？電子的所有內部特性為何？如此等等。也許有可能電子確實具有某些複雜的內部特性。倘若我們沿著這些方向，創立一個電子理論，就可能預言一些像振盪模式那樣的奇特性質，這些性質卻從未明顯到可以被觀測到。我們所以說「明顯」，是因為我們已在自然界中觀測到大量尚未顯出其意義的東西。可能有朝一日會發現，今天我們仍不能理解的東西之一（比如說，緲子），實際上能夠解釋為龐卡赫應力的振盪。雖然這似乎不太可能，但沒有任何人能說得準。關於基本粒子，有許多的事情我們還不瞭解。不管怎樣，這一理論所包含的複雜結構不受大家歡迎，而企圖用電磁學理論來解釋全部質量的嘗試，至少就我們所描述的那種方式，則已走進了死胡同。

我們願意稍微多想一想，為什麼當場內的動量正比於速度時，我們就說有了質量。這很容易！質量就是在動量與速度之間的那個係數嘛。但我們也可用另一種方式來看待質量：倘若你得施力加速一個粒子，那麼這個粒子就具有質量。因此，假使我們稍微仔細考察力來自何處，則可能有助於我們的理解。我們怎會知道必須有一個力呢？因為我們已證明了場的動量守恆律。假若我們有一帶電粒子，並推動它一小段時間，則在電磁場中將有一些動量。動量必定是以某種方式注入場中。因此必然有某一個力，推動電子而使其運

動：這個力是除了克服力學慣性所需之力的額外附加力，也就是由電磁交互作用引起的力。同時，必然有一個反作用在「推動者」身上的相應的力。但這個力來自於何處呢？

圖像大約是這樣的。我們可以將電子想像成一個帶電球體。當它靜止時，每一部分的電荷都將與其他每一部分互相排斥，但這些力全都成對的抵消掉，因而不存在任何**淨力**（見圖 28-3(a)）。不過，當電子正在加速時，由於事實上電磁影響從一點傳播至另一點需要時間，所以那些力就不再平衡了。例如，在圖 28-3(b) 中，由 β 那一部分作用於 α 那一部分的力，取決於 β 在某一稍早時刻的位置，如圖中所示。力的大小和方向都取決於電荷的運動。假若電荷正在加速，則作用於電子各不同部分的力也許會如圖 28-3(c) 所示的那樣。當把所有這些力都加起來時，它們並不會互相抵消掉。對於均勻速度來說，這些力會互相抵消，儘管乍看之下，似乎甚至對均勻速度來說，這推遲作用也會給出一個非平衡力。但結果是，除非電子正在加速，否則就不存在淨力。在加速的同時，假若我們考察電子各部分之間的力，則作用與反作用不會嚴格相等，從而電子**施於本身**一個力，此力試圖制止其加速。電子被自身所制止。

要算出這個自作用力是可能的，但很難；不過，我們在此並不打算進行這複雜的計算。我們將告訴大家相對而言不那麼複雜的一維運動（比方說沿 x 方向）這種特殊狀況的結果。這時，自作用力可以寫成一個級數。級數的第一項依賴於加速度 $\dot{x}$，第二項依賴於 $\ddot{x}$ 等等*。結果如下：

*原注：我們採用這種記法：$\dot{x} = dx/dt$、$\ddot{x} = d^2x/dt^2$、$\dddot{x} = d^3x/dt^3$ 等等。

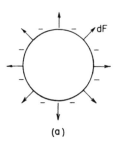

(a)

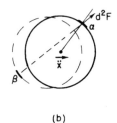

(b)

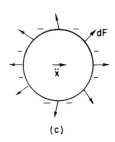

(c)

圖 28-3   由於推遲作用，作用在一個加速電子上的自作用力不等於零。
（dF 指作用於曲面元素 da 上的力；d^2F 則指由曲面元素 da_β 上
的電荷作用於曲面元素 da_α 上的力。）

$$F = \alpha \frac{e^2}{ac^2} \ddot{x} - \frac{2}{3} \frac{e^2}{c^3} \dddot{x} + \gamma \frac{e^2 a}{c^4} \ddddot{x} + \cdots \qquad (28.9)$$

式中 α 和 γ 都是數量級為 1 的數字係數。$\ddot{x}$ 的係數 α 取決於所假定
的電荷分布；假如電荷均勻分布於一個球面上，則 $\alpha = 2/3$。因此

就有一項正比於加速度，它與電子的半徑 a 成反比，而與我們在 (28.4) 式中獲得的 $m_{電磁}$ 數值完全相同。假如所選的電荷分布不同，因而 α 改變，則 (28.4) 式中的分數 2/3 也會按相同的方式改變。含 $\dddot{x}$ 的項與所假定的半徑 a **無關**，因而也與所假定的電荷分布無關，它的係數**總是**等於 2/3 。再下一項與半徑 a 成正比，而其係數 γ 則取決於電荷分布。你會注意到，假若我們讓電子半徑 a 趨於零，則最後一項（及一切更高次項）趨於零，第二項保持不變，但第一項，也就是電磁質量將趨於無限大。而且，我們能夠看到，這無限大是由於電子的一部分作用於另一部分上的力所引起的——由於我們承認了「點」電子可能會作用於其自身這件事所引起的，或許這是一件蠢事。

28-5 修正馬克士威理論的嘗試

我們現在要討論，或許可以將馬克士威的電動力學理論做某種修正，使得電子做為一個簡單點電荷這種概念能夠保留。人們為此曾做過許多嘗試，而其中有些理論甚至能將事情安排得使電子質量全屬於電磁性質。但所有這些理論都已銷聲匿跡。討論曾被提出來的某些可能性仍具興味，藉以看看人類智慧的一些奮鬥歷程。

我們經由談論一個電荷與另一電荷之間的交互作用，開始我們的電學理論。然後從這些發生相互作用的電荷建立理論，最後得出場論。我們如此相信場論，認可它所陳述的有關電子的一部分對另一部分的作用力。也許整個困難就在於，電子不會對其本身作用；也許從分離電子的作用過渡到一個電子與其自身的作用這一概念，我們外推得太遠了。因此另外提出的某些理論中，排除了電子作用於其自身的可能性。因而不再有自作用引起的無限大。並且，也不

再有與粒子相關的電磁質量,所有質量都回到力學性質上面,但在這種理論中仍有一些新的困難。

我們必須立即說明,這類理論要求對電磁場概念加以修改。你們記得,我們開始時講過:作用於任意位置的粒子上的力僅由兩個量 E 和 B 來確定。倘若我們放棄「自作用力」,則這一說法可能不再正確,因為假定某處有一電子,它所受的力並非由總 E 和總 B 給出,而只是由**其他**電荷的那部分 E 和 B 給出。因此當計算一個電荷受力作用的情況時,我們總得記住,E 和 B 有多少來自哪個電荷,而又有多少來自其他電荷。這使得理論繁瑣許多,但消除了無限大的困難。

因此,**倘若我們樂意**,便可以說不存在電子作用於其自身這種事情,因而拋開 (28.9) 式中全部的力。可是這麼一來,我們卻把小孩連同澡盆裡的水一起倒掉了!因為 (28.9) 式中的第二項,即含 $\dddot{x}$ 的項,仍然是需要的。力會造成非常確切的某種效應。倘若你把力丟掉,你又將陷入困難之中。當我們加速一電荷時,它會輻射出電磁波,從而損耗了能量。因此,我們加速一電荷,比起加速相等質量的電中性物體,必然需要更大的力;否則能量不會守恆。我們對加速電荷所作的功率,必須等於輻造成的能量耗損率。我們從前曾談論過這一效應——它稱為輻射阻力。

我們仍然需要回答下述問題:我們必須作功來抵抗的那個力,究竟來自何方?當一巨大天線正在輻射時,力來自於天線中的一部分電流對另一部分電流的影響。對於正在向虛空的空間輻射的單個加速電子來說,力似乎只能來自一個地方——即來自電子的一部分對另一部分的作用。

我們回到第 I 卷第 32 章中,可發現一個振盪電荷輻射能量的功率為

$$\frac{dW}{dt} = \frac{2}{3}\frac{e^2(\ddot{x})^2}{c^3} \qquad (28.10)$$

讓我們看看，為了抵抗 (28.9) 式中的自身力而**對**電子所作的功率，我們能夠得到什麼。功率等於力乘速度，也就是 $F\dot{x}$：

$$\frac{dW}{dt} = \alpha\frac{e^2}{ac^2}\ddot{x}\dot{x} - \frac{2}{3}\frac{e^2}{c^3}\dddot{x}\dot{x} + \cdots \qquad (28.11)$$

第一項與 $d\dot{x}^2/dt$ 成正比，因而恰好對應於與電磁質量相關的動能 $\frac{1}{2}mv^2$ 的變化率。第二項應該對應於 (28.10) 式中的輻射功率，但是它有所不同。差異來自於下述事實：(28.11) 式中的那一項是普遍成立的，然而 (28.10) 式只對**振盪**電荷才成立。我們可以證明：假若運動電荷是週期性的，則這兩者相等。欲致此，我們將 (28.11) 式中的第二項重新寫成

$$-\frac{2}{3}\frac{e^2}{c^3}\frac{d}{dt}(\dot{x}\ddot{x}) + \frac{2}{3}\frac{e^2}{c^3}(\ddot{x})^2$$

這不過是一種代數變換。假如電子運動是週期性的，則 $\dot{x}\,\ddot{x}$ 這個量會週期性的回到相同的值，因此對其時間導數取**平均**將得到零。然而，第二項卻總是正的（它是平方項），因而其平均值也是正的。這一項給出了所作的淨功，並恰好等於 (28.10) 式。

為了使輻射系統中的能量守恆，由 $\dddot{x}$ 所表示的自身力這一項是必需的，因而不能將它丟掉。事實上，勞侖茲所獲得的成就之一，就是證明了存在這種力，它來自電子對其自身的作用。我們必須相信，電子對其自身作用這一概念，並且我們**需要**含 $\dddot{x}$ 的項。問題在於如何才能獲得該項，而又不至於同時得到 (28.9) 式的第一項，那是一切麻煩之源。我們不知如何才好。你看到古典電子理論已將其自身推進了困境。

為了解決事情，已出現了修正定律的若干種其他嘗試。玻恩

（Max Born, 1882-1970，1954 年諾貝爾物理獎得主）與英費爾德（Leopold Infeld, 1998-1968，波蘭物理學家）建議一種方法，用複雜的方式來改變馬克士威方程組，使其不再是線性的。這樣，電磁質量與動量就可以是有限的。但他們所建議的定律，還預言了一些從未觀測到的現象。他們的理論也遭遇到另一種困難，我們將在下面談及，與為避免上述麻煩的一切嘗試所面臨的困難相同。

下述獨特的可能性是由狄拉克（Paul A. M. Dirac, 1902-1984，1933 年諾貝爾物理獎得主）提出的。他說：讓我們認為，電子經由 (28.9) 式中的**第二**項、而不是第一項對本身作用。然後他有一種精巧概念，能消除其中一項、而不消除另一項。他說，看！當只取馬克士威方程組的**推遲**波解時，我們做特殊的假設；要是我們取那些**超前**波（advanced wave）來代替，就會得到一些別的東西。自作用力的公式應該是

$$F = \alpha \frac{e^2}{ac^2} \ddot{x} + \frac{2}{3} \frac{e^2}{c^3} \dddot{x} + \gamma \frac{e^2 a}{c^4} \ddddot{x} \qquad (28.12)$$

除了級數中的第二項與某些更高次項的正負號外，上式幾乎與 (28.9) 式一樣。（從推遲波變為超前波，不過是改變了延遲的**正負號**，不難看出，這相當於改變每一處 t 的正負號。對於 (28.9) 式的唯一效果，就是改變所有對時間奇數次微分的項的正負號。）所以，狄拉克說，讓我們建立一個新法則，即電子是經由它所產生的推遲與超前兩種場之**差值**的一半而作用於其本身的。這樣，(28.9) 式與 (28.12) 式之差除以 2 便是

$$F = -\frac{2}{3} \frac{e^2}{c^3} \dddot{x} + \text{更高次項}$$

在所有更高次項中，半徑 a 以某個正次幂出現在分子中。因此，當我們趨向點電荷的極限時，就只得到一項──恰恰是所需要的。就

這樣，狄拉克得到了輻射阻力，而不是慣性力。電磁質量不見了，而古典理論也得救了──可是付出了「關於自作用力的任意假定」這一代價。

狄拉克之假設的任意性，至少有一部分被惠勒（John A. Wheeler, 1911-2008，美國物理學家）和費曼所排除，他們提出了一個更加奇怪的理論。他們建議：點電荷**只**與其他的電荷交互作用，但這種交互作用一半是經由超前波、而另一半是經由推遲波產生的。最令人驚奇的是，在大多數情況下，你不會看到超前波的任何效應，但它們確實具有剛好產生輻射作用力的效應。

輻射阻力並**不是**來自電子對本身的作用，而是來自下述的特殊效應。當一電子在時刻 t 被加速時，它將在**稍後**時刻 $t' = t + r/c$（其中 r 為至其他電荷的距離）搖晃世界上所有其他的電荷，這是由於**推遲**波的作用。但此時，別的電荷又經由它們的**超前**波反作用於原來那個電子上，這些波將在 t''（等於 t' **減去** r/c）時刻，當然也就正好是 t 時刻到達。（別的電荷也有其推遲波反作用，但那不過是對應到正常的「反射」波罷了。）超前波與推遲波的組合意味著，當一個振盪電荷正在加速時，它會感覺到來自所有「將要」吸收其輻射波的那些電荷的力。你看，在試圖獲得電子的理論時，人們已經陷入何等的困難中！

我們現在還要描述另一種理論，以表明當人們碰到麻煩時會想些什麼事。這是由博普（Friedrich Arnold Bopp, 1909-1987，德國物理學家）提出對電動力學定律的另一種修改。你會認識到，一旦你決定要修改電動力學的方程組時，你可以在任一個想要下手的地方開始。你可以改變電子的力的定律，或者改變馬克士威方程組（正如在我們已描述過的例子中所見到的），或者也可在其他地方做改變。一種可能性是，改變那些用電荷與電流給出的電位公式。我們

的公式之一表明,在某一點的電位是由較早時刻在任何其他點上的電流密度(或電荷)所給出的。應用電位的四維向量記法,可以寫成

$$A_\mu(1, t) = \frac{1}{4\pi\epsilon_0 c^2} \int \frac{j_\mu(2, t - r_{12}/c)}{r_{12}} \, dV_2 \qquad (28.13)$$

博普美妙又簡單的想法是:也許困難出在這個積分裡的因子 $1/r$ 上。假設我們從下述開始,即只要假定在某點上的電位,取決於在任何其他點上的電荷密度做為該兩點間距離的**某個**函數,比方說 $f(r_{12})$。於是,在點 (1) 處的總電位就將由 j_μ 乘以這一函數,並對全部空間的積分所給出:

$$A_\mu(1, t) = \int j_\mu(2) f(r_{12}) \, dV_2$$

這就是一切。既沒有微分方程式,也沒有其他的東西。噢,還有一件事。我們也要求這一結果應該是相對論性不變的。因此所謂的「距離」,我們應取時空中兩點間的不變「距離」。此距離的平方(如果正負號全部變更也沒關係)為

$$\begin{aligned} s_{12}^2 &= c^2(t_1 - t_2)^2 - r_{12}^2 \\ &= c^2(t_1 - t_2)^2 - (x_1 - x_2)^2 - (y_1 - y_2)^2 - (z_1 - z_2)^2 \end{aligned}$$
$$(28.14)$$

因此,對於相對論性不變的理論而言,我們應當取 s_{12} 的大小的某種函數,或與此相同的,即取 s_{12}^2 的某一函數。因此博普的理論就是

$$A_\mu(1, t_1) = \int j_\mu(2, t_2) F(s_{12}^2) \, dV_2 \, dt_2 \qquad (28.15)$$

(當然,這積分應該對四維體積 $dt_2 \, dx_2 \, dy_2 \, dz_2$ 進行。)

剩下的一切,就是要選取一個適當的函數做為 F。對於 F,我

們只假定一點——除了自變數接近於零處外，F 都十分微小：使得 F 的曲線如圖 28-4 所示的那樣。它是狹窄尖鋒形，集中於 $s^2 = 0$ 處的面積很有限，我們可以說它的寬度約等於 a^2。不妨粗略的說，當我們計算點 (1) 的電位時，只有當 $s_{12}^2 = c^2(t_2 - t_1)^2 - r_{12}^2$ 是在 $0 \pm a^2$ 之內，那些點 (2) 才能產生一些可觀的效應。我們可以這麼說，以指明這一點：只有當

$$s_{12}^2 = c^2(t_1 - t_2)^2 - r_{12}^2 \approx \pm a^2 \qquad (28.16)$$

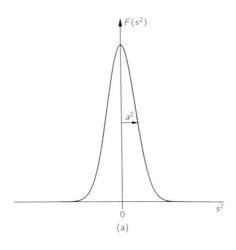

(a)

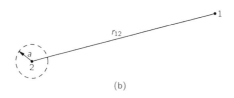

(b)

圖 28-4　用於博普的非局域理論中的函數 $F(s^2)$

時，F 才是重要的。倘若你樂意，可以使它更爲數學化一些，但基本的想法就是這樣。

現在假定 a 比起像電動機、發電機等普通物體的尺寸要小得多，以致在一般問題中，總是 $r_{12} \gg a$。這樣 (28.16) 式表明，只有當 $t_1 - t_2$ 處於下列小範圍內的那些電荷，才會對 (28.15) 式的積分有所貢獻：

$$c(t_1 - t_2) \approx \sqrt{r_{12}^2 \pm a^2} \approx r_{12}\sqrt{1 \pm \frac{a^2}{r_{12}^2}}$$

由於 $a^2/r_{12}^2 \ll 1$，所以平方根可近似爲 $1 \pm a^2/2r_{12}^2$，因而

$$t_1 - t_2 = \frac{r_{12}}{c}\left(1 \pm \frac{a^2}{2r_{12}^2}\right) = \frac{r_{12}}{c} \pm \frac{a^2}{2r_{12}c}$$

這有何重要性呢？此一結果表明，在 A_μ 的積分中，只有**某些 t_2 時刻**的貢獻才重要，這些 t_2 就是和 t_1（我們想要知道電位在 t_1 時刻的大小）相差 r_{12}/c 的時刻，只要 $r_{12} \gg a$，則其他 t_2 的貢獻就可忽略。換句話說，就給出推遲波效應的意義而言，博普的這個理論是接近馬克士威理論的——只要我們遠離任何特定的電荷即可。

事實上，我們可以約略看出 (28.15) 式的積分將給出什麼結果。假若我們首先對於 t_2 從 $-\infty$ 至 $+\infty$ 進行積分，保持 r_{12} 固定不變，那麼 s_{12}^2 也將從 $-\infty$ 進至 $+\infty$。該積分將全部來自於以 $t_1 - r_{12}/c$ 爲中心、且在狹小寬度 $\Delta t_2 = 2 \times a^2/2r_{12}c$ 內的那些 t_2 的貢獻。設函數 $F(s^2)$ 在 $s^2 = 0$ 處具有值 K，則對於 t_2 的積分近似爲 $Kj_\mu\Delta t_2$，或

$$\frac{Ka^2}{c} \frac{j_\mu}{r_{12}}$$

當然，還應該取 $t_2 = t_1 - r_{12}/c$ 時的 j_μ 值，因而 (28.15) 式就變成

$$A_\mu(1, t_1) = \frac{Ka^2}{c} \int \frac{j_\mu(2, t_1 - r_{12}/c)}{r_{12}} \, dV_2$$

假如我們選擇 $K = 1/4\pi\epsilon_0 a^2$，則正好回到了馬克士威方程組的推遲電位解——自動包含了 $1/r$ 的依存關係！而這全都來自一個簡單的主張：時空中某一點的電位取決於時空中所有其他各點的電流密度，不過帶有兩點間四維距離的某個狹窄函數的加權因子。這一理論再次預言，電子的電磁質量爲有限大，而能量與質量之間也具有正確的相對論關係。它們必然如此，因爲這理論從一開始就是相對論性不變的，而一切似乎都是正確的。

然而這一理論，以及我們曾描述過的所有其他理論，都存在一個基本缺點。我們知道的一切粒子都遵循量子力學定律，因而必須對電動力學作量子力學修正。光的行爲像光子，它並非百分之百像馬克士威理論所描述的那樣。因此，電動力學理論必須修改。我們已經指出，爲了修正古典理論而下如此的苦工，也許是白費時間，因爲結果可能是：在量子電動力學中，那些困難將消失，或可以按某種其他方式得到解決。但這些困難在量子電動力學中並未消除。人們之所以花如此多精力試圖解決這些古典困難，原因之一就是希望：假如他們**能夠**先解決這些古典困難，**然後**再作量子修正，則一切都可能弄清楚。在做了量子力學修正之後，馬克士威方程組仍然存在困難。

量子效應確實造成某種變化——質量的公式被修改了、且出現了普朗克常數 $\hbar$，但答案仍然出現無限大，除非你想辦法截止積分——正如我們從前在 $r = a$ 處不得不終止古典積分那樣。而答案取決於你如何截斷那些積分。可惜我們無法在此向大家示明，這些困難真的基本上是相同的，因爲我們對量子力學理論掌握得那麼少，

而對於量子電動力學甚至更少。所以大家必須只好相信我的話，即馬克士威電動力學的量子化理論，對於一個點電子來說，會給出無限大的質量。

然而，事實證明，從**任何一個**修正過的理論造出一種**自洽的**量子理論這方面，迄今從未有人成功。玻恩與英費爾德的理論從沒有令人滿意的轉變成量子理論。狄拉克的、或者惠勒與費曼的超前波和推遲波的理論也從未轉變成令人滿意的量子理論。博普的理論也從未轉變成令人滿意的量子理論。所以今天，對這一問題，還沒有已知的解答。我們不知道如何去建造讓電子或任一點電荷不會產生出無限大自能的一種協調一致的理論──包括量子力學。而在同時，也沒有描述一個非點電荷的令人滿意的理論。這是尚未解決的問題。

當你決定匆促的去建造一個理論，這理論中，電子對本身的作用完全給移除，以致電磁質量不再具有任何意義，然後再從它建造量子理論，這時你就應該受到警告，你一定會陷入困難之中。有確鑿的證據表明，電磁慣性是存在的，也就是，有證據表明，帶電粒子的某些質量的確起源於電磁性質。

較舊的書本中往往會說，由於大自然顯然不會提供我們兩個粒子──一個是中性的，而另一個是帶電的，其他方面則完全相同，我們永遠不能夠說出，有多少質量是屬於電磁的，而有多少質量是屬於力學的。但結果是，大自然**已經**足夠仁慈的，提供我們恰恰就是這樣的物體，於是，我們比較帶電粒子的**觀測質量**與中性粒子的**觀測質量**，就能夠道出是否有電磁質量。

例如，自然界中存在中子和質子。它們之間有巨大的交互作用力──核力，其來源尚不清楚。然而，正如我們已經描述過的，核力具有一個顯著的性質。就核力方面來說，中子與質子完全相同。

就我們所能說的，中子與中子、中子與質子、質子與質子間的**核**力全都相同。只有小小的電磁力是不同的；從電方面來說，質子與中子間的差別，有如白晝與黑夜。這正是我們所需要的。存在兩種粒子，它們從強交互作用的**觀點**來看是相同的，但從電方面來看則是不同的。而且它們在質量上有一個小差別。質子與中子間的質量差別——以百萬電子伏特（MeV）為單位來表示，靜能 mc^2 之差約為 1.3 MeV，約等於電子質量的 2.6 倍。於是古典理論將預言，它們具有約等於古典電子半徑的 $\frac{1}{3}$ 至 $\frac{1}{2}$ 的半徑、或約等於 10^{-13} 公分的半徑。當然，實際上應該應用量子理論，但依靠某種奇特的偶然性、所有的常數（2π 和 $\hbar$ 等等），一起使得量子理論給出與古典理論大約一樣的半徑。唯一的毛病是**正負號**錯了！如果加上電磁場的貢獻，質子應比中子重，但實際上中子比質子**還要重**。

大自然還提供幾種別的粒子對、或粒子三重態，它們除了電荷之外，其他各方面的表現都完全相同。它們經由所謂核力的「強」交互作用與質子和中子相互作用。在這種交互作用中，給定種類的粒子，比如說 π 介子，它們**除了**電荷之外，每一方面的行為都像同一物體。表 28-1 給出這些粒子的清單，包括它們的測定質量。帶電的（無論正或負）π 介子都具有 139.6 MeV 的質量，但中性 π 介子則輕了 4.6 MeV。我們相信這個質量差是電磁性質的，可能相當於一個半徑 3 至 4×10^{-14} 公分的粒子。你將從表中看到，其他粒子的質量差往往相當於同樣的一般大小。

現在，這些粒子的大小可以由其他方法，比如由它們在高能碰撞中所表現出來的直徑來測定。因此電磁質量似乎一般都與電磁理論相符，只要在場能的計算中，我們在用其他方法得到的相同半徑處截止積分。這就是我們為什麼相信這些差值確實代表了電磁質量的原因。

表 28-1　粒子質量

粒子	電荷 (一電子電荷大小)	質量 (MeV)	Δm * (MeV)
n（中子） p（質子）	0 +1	939.5 938.2	 −1.3
π（π介子）	0 ±1	135.0 139.6	 +4.6
K（K介子）	0 ±1	497.8 493.9	 −3.9
Σ（ρ介子）	0 +1 −1	1191.5 1189.4 1196.0	 −2.1 +4.5

*Δm =（帶電粒子質量）−（中性粒子質量）

　　你無疑會對表中那些質量差的不同正負號感到擔心。帶電粒子應該比中性粒子更重，這很容易理解。但像質子和中子那樣的粒子對，測得的質量差卻表現出相反的正負號，這又是怎麼回事呢？噢，結果是，這些粒子較為複雜，因此對其電磁質量的計算就一定要更精細些。例如，儘管中子沒有**淨**電荷，但在其內部**確實**有一種電荷分布——只是其**淨**電荷等於零。事實上，我們相信，中子至少有時看起來像受到負 π 介子「雲」包圍著的質子，如圖 28-5 所示。儘管由於總電荷等於零，中子是「中性的」，但它仍然具有電磁質量（例如，它具有磁矩），因此，若沒有其內部結構的詳盡理論，就不容易說明電磁質量差值的正負號。

　　我們在這裡只希望強調以下幾點：(1) 電磁理論預言存在一種電磁質量，但這樣做時，它也會失策，因為它無法給出協調一致的理論——而且對於量子修正也是如此；(2) 電磁質量的存在有其實

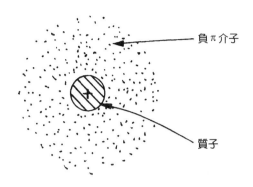

圖 28-5　有時候，中子可能做為由負 π 介子包圍著的質子而存在。

驗依據：(3) 所有這些質量大致上都與電子質量相同。因此，我們又回到了勞侖茲原來的想法——也許電子的全部質量純粹是電磁性質的，也許整個 0.511 MeV 都源於電動力學。是這樣嗎？或者不是呢？由於我們還未得到一套理論，所以不能說些什麼。

　　我們必須提及最令人煩惱的另一則資訊。世界上還有一種叫做**緲子**（或 μ 介子）的粒子，迄今我們所能說的是，除了其質量之外，它和電子沒有任何區別。它在每一方面都表現得像個電子：它可以同微中子和電磁場交互作用，但它不具備核力。緲子的行為絲毫無異於電子——至少，沒有什麼事情不能被理解為只是由於其較大質量（206.77 倍電子質量）的後果。因此，每當有人最後得到電子質量的解釋時，他將對緲子從何處得到其質量感到困惑。為什麼呢？因為無論電子做什麼，緲子也能做同樣的事——所以質量理應表現得相同。有人堅定相信這樣一個觀念，即緲子與電子是同一種粒子，而在關於質量的終極理論中，質量的公式將是一個具有兩個根的二次方程式——每種粒子一個根。也有一些人建議，該公式將

是一個具有無限多個根的超越方程式，而他們正在猜測：在這個系列中，其他粒子的質量應該是什麼，以及爲什麼這些粒子還未曾被發現。

28-6　核力場

我們願意對那一部分非電磁性質的核粒子質量做進一步的評述。這另一大部分質量來自於何處呢？除了電動力以外還有別的力，像核力，它們也有本身的場的理論，儘管沒有人知道現行的理論是否正確。這些理論也預言對核粒子提供與電磁質量相似的質量項的場能，我們可以將它稱爲「π 介子場質量」（π-mesic-field-mass）。它想必十分巨大，因爲那些力非常強，而且這可能是重粒子質量的起源。但介子場的理論目前仍處於最初步的狀態。即使利用發展得最完善的電磁理論，我們發現，在解釋電子質量時，無法超過一壘往前跑。至於介子理論，我們就像被三振出局。

由於介子理論跟電動力學存在著有趣的關係，我們將花一點時間來略述。在電動力學中，場可以用滿足下列方程式的一個四維向量來描述：

$$\Box^2 A_\mu = 源$$

現在我們已經知道，一部分的場可以被輻射出去，因而可以離開源而存在。這些就是光子，而它們是用無源的微分方程式來描述的：

$$\Box^2 A_\mu = 0$$

人們曾議論說，核力場也應該有它自己的「光子」——它們大概會是 π 介子，而且應該由類似的微分方程式來描述。（由於人類大腦

的弱點,我們無法想出某些真正新的東西,因而才經由已知東西的類比來進行論證。) 因此,介子方程式也許是

$$\square^2 \phi = 0$$

其中 ϕ 可能是一個不同的四維向量,也或許是一個純量。結果證明 π 介子沒有自旋,所以 ϕ 應為純量。倘若採用 $\square^2 \phi = 0$ 這一簡單的方程式,則介子場應該隨著與源之間的距離按 $1/r^2$ 變化,正如電場那樣。但我們知道,核力的作用距離短得多,因而這一簡單的方程式不適用。有一種辦法可以使事情改變,而又不會破壞相對論不變性:我們可以對達朗白算符(D'Alembertian)加上或減去一個常數,再乘以 ϕ。因此湯川秀樹(Hideki Yukawa, 1907-1981, 1949 年諾貝爾物理獎得主)曾建議,核力場的自由量子或許遵循方程式

$$-\square^2 \phi - \mu^2 \phi = 0 \tag{28.17}$$

式中 μ^2 是一常數——也就是一個不變的純量。(由於 $\square^2$ 是四維時空中的純量微分算符,故若我們對之加上另一個純量,它的不變性仍然成立。)

讓我們看看當情況不隨時間變化時,(28.17)式會給出怎麼樣的核力。我們希望有滿足下列方程式

$$\nabla^2 \phi - \mu^2 \phi = 0$$

的圍繞著某一點源(比方說,位於原點的點源)的球對稱解。假若 ϕ 僅取決於 r,我們知道

$$\nabla^2 \phi = \frac{1}{r} \frac{\partial^2}{\partial r^2} (r\phi)$$

因而有方程式

$$\frac{1}{r}\frac{\partial^2}{\partial r^2}(r\phi) - \mu^2\phi = 0$$

也就是

$$\frac{\partial^2}{\partial r^2}(r\phi) = \mu^2(r\phi)$$

若將 $r\phi$ 想成應變數，則這便是我們曾經多次見過的一個方程式。它的解是

$$r\phi = Ke^{\pm\mu r}$$

顯然，對大的 r 來說，ϕ 不能變成無限大，所以指數中的 + 號要排除掉。因而解是

$$\phi = K\frac{e^{-\mu r}}{r} \tag{28.18}$$

這一函數稱為**湯川勢**（Yukawa potential）。對於吸引力來說，K 為負數，其大小必須調整到與實驗上所觀測到的力的強度相符。

核力的湯川勢以指數函數的形式衰減，所以衰減得比 $1/r$ 更快。對於超過 $1/\mu$ 的距離，這個勢，還有這個力減小至零的方式要比 $1/r$ 快得多，如圖 28-6 所示。核力的「範圍」要比靜電力的「範圍」小得多。實驗上發現，核力並不會超出 10^{-13} 公分，因而 $\mu \approx 10^{15}$ 公尺$^{-1}$。

最後，讓我們來看看 (28.17) 式的自由波解。若將

$$\phi = \phi_0 e^{i(\omega t - kz)}$$

代入 (28.17) 式中，我們得到

$$\frac{\omega^2}{c^2} - k^2 - \mu^2 = 0$$

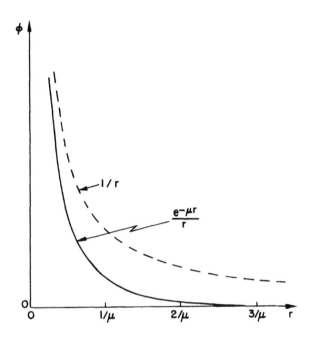

圖 28-6　湯川勢 $e^{-\mu r}/r$ 與庫侖電位勢 $1/r$ 相比較

把頻率與能量、波數與動量聯繫起來，像在第 I 卷第 34 章末尾我們
所做的那樣，便可得到

$$\frac{E^2}{c^2} - p^2 = \mu^2\hbar^2$$

上式表明湯川「光子」具有等於 $\mu\hbar/c$ 的質量。假若我們對 μ 採用
核力的觀測範圍的估計值 10^{15} 公尺$^{-1}$，結果質量為 3×10^{-25} 公克，
或 170 MeV，這近似等於所觀測到的 π 介子的質量。所以類比於電
動力學，我們可以說 π 介子就是核力場的「光子」。但現在我們已
經將變動力學的概念，推廣到它們可能實際上並不適用的領域中去
了——我們已經超出了電動力學的範圍，而涉及到了核力的問題。

第29章

電荷在電場與磁場中的運動

29-1 均勻電場或磁場中的運動

　　我們現在要來描述（主要採取定性方式）各種不同情況下電荷的運動。電荷在場中運動的有趣現象，大多數都發生於有許許多多電荷互相作用的十分複雜的情況下。例如，當電磁波行經一塊材料或一團電漿時，會有億兆個電荷與該波相互作用，而且電荷與電磁波彼此相互作用。我們以後將進入這樣的問題，但我們現在只想討論單個電荷在**給定**場中的運動這種簡單得多的問題。這樣就可以忽略其他電荷──當然，只有存在於某處、產生出我們將採用的場的那些電荷與電流除外。

　　我們大概應該先探問粒子在均勻電場中的運動情況。在低速時，這種運動並非特別有趣──那不過是電場方向上的等加速運動。然而，假若粒子獲得了足夠多的能量，成為相對論性粒子，則運動將變得更加複雜。但我們將把這一情況下的問題留給大家自己去玩玩。

　　其次，我們考慮在沒有電場的均勻磁場中的運動情況。我們已經解決了這個問題──其中一個解是粒子作圓周運動。磁力 $qv \times \boldsymbol{B}$ 總是與運動方向成直角，因而 dp/dt 垂直於 $\boldsymbol{p}$，且大小為 vp/R，其中 R 為圓的半徑：

$$F = qvB = \frac{vp}{R}$$

請複習：第 I 卷第 30 章〈繞射〉。

於是該圓周軌道的半徑爲

$$R = \frac{p}{qB} \qquad (29.1)$$

這只是一種可能性。假若粒子具有沿場方向的運動分量,則該運動是等速的,因爲在場的方向上不可能有磁力的分量。粒子在一均勻磁場中的普遍運動,是平行於 B 的等速運動加上垂直於 B 的圓周運動 —— 軌跡爲一柱形螺旋線(圖 29-1)。此螺旋線的半徑由 (29.1) 式給出,只要我們用垂直於場的動量分量 $p_\perp$ 取代式中的 p。

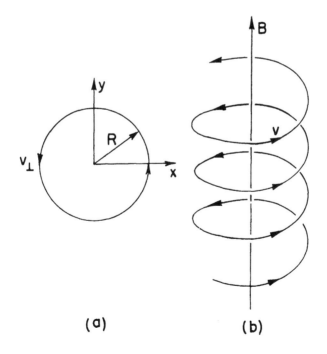

(a)　　　**(b)**

圖 29-1　粒子在一均勻磁場中的運動

29-2　動量分析

　　均勻磁場往往用於製造偵測高速帶電粒子的「動量分析儀」或「動量譜儀」上。假定帶電粒子從圖 29-2(a) 中的 A 點射入一均勻磁

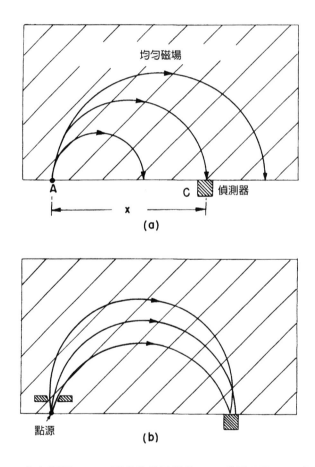

圖 29-2　均勻磁場、180° 聚焦的動量譜儀：(a) 動量不同；(b) 角度不同。（磁場方向與圖面垂直）

場，磁場與該圖面垂直。每個粒子將在半徑正比於粒子動量的一個圓周上運動。假若所有粒子進入場中的方向都與場邊緣正交，則粒子將在離 A 點距離爲 x 的地方離開場，此 x 值正比於粒子的動量。位於諸如 C 點的偵測器將只能探測到動量爲 $p = qBx/2$ 附近間隔 Δp 內的那些粒子。

　　當然，並不要求粒子在它們被記錄到之前都要走過180°，但這種所謂的「180°譜儀」具有獨特的性質。它並不一定要求所有粒子都要與場的邊緣成直角進入場中。圖 29-2(b) 示出三個粒子的軌跡，它們都具有**相同的**動量，但以不同角度進入場中。你看到它們各走不同的軌跡，可是都在很靠近 C 處離開場。因此，我們說存在一個「焦點」。此聚焦特性有其優越之處，即在 A 點有較大角度的粒子也能被接收到——雖然往往要加上某些限制，如圖中所示。對一個較大角度範圍的接收，經常意味著，有較多的粒子在給定時間內被記錄到，這就減少了對給定測量所需的時間。

　　經由變化磁場、或沿 x 軸移動計數器、或運用許多個計數器覆蓋 x 的某一段範圍，就可測得入射束的動量「譜」。（所謂「動量譜」$f(p)$，我們指的是動量在 p 與 $(p + dp)$ 之間的粒子數爲 $f(p)\ dp$。）舉例而言，此方法曾用來測定各種原子核 β 衰變的能量分布。

　　有許多其他形式的動量譜儀，但我們將只描述具有特別大接收**立體**角的那一種。它是以如圖 29-1 所示的那種在均勻場中的螺旋軌跡爲基礎的。讓我們設想一個圓柱座標系——ρ、z、θ，使得 z 軸沿著場的方向。若粒子相對於 z 軸以某一角度 α 從原點射出，則粒子將沿方程式爲

$$\rho = a \sin kz, \qquad \theta = bz$$

的螺線運動，其中 a、b 和 k 都是你很容易用 p、α 和磁場 B 來表

示的參數。倘若對於給定的動量、但幾個不同的起始角度，把與軸的距離 ρ 做為 z 的函數畫成曲線，則我們將得到如圖 29-3 所示的那些實線曲線。（記住，這不過是對一條螺旋型軌跡的投影。）當入射方向與軸成較大角度時，ρ 的峰值變大，但縱向速度則變小，從而使不同角度的軌跡趨向於在圖的 A 點附近形成一個「焦點」。假如我們於 A 處設置一個窄孔，則在某起始角範圍內的粒子仍然能夠全部穿過窄孔，並到達 z 軸，在那兒，粒子可用一長條形偵測器 D 來計數。

以較大的動量、但相同角度從原點處的源射出的粒子，將遵循圖中所示的虛線路徑運動，而不穿過 A 處的孔。因此這台儀器將篩選出一個小間隔的動量。它與上述第一種譜儀相比的優點在於：A 孔及 A′ 孔都可以是環形的，以便使在一個相當大的立體角範圍內離開源的粒子都能夠被接收到。來自源的大部分粒子都給用上了──這對於弱源或十分精密的測量，都是重要的優點。

然而，人們為這優點付出了代價，因為如此做，需要大體積的均勻磁場，而這往往只對低能粒子才是切實可行的。你該記得，製造均勻磁場的一種辦法是在球面上繞一個線圈，使得其面電流密度

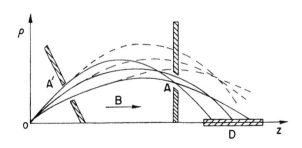

圖 29-3　軸向場式譜儀

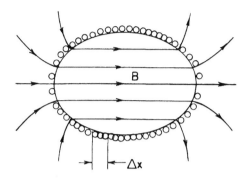

圖 29-4　每個軸線間隔 Δx 中有相等電流的橢球形線圈，在其內部產生
　　　　均勻磁場。

正比於角度的正弦。你也能證明，這樣的事情對於旋轉橢球來說亦
成立。因此這種譜儀往往是在一個木（或鋁）架上繞出一個橢球形
線圈來製造。所要求的一切，就是在每個軸線距離間隔 Δx 內的電
流都相同，如圖 29-4 所示。

29-3 靜電透鏡

　　粒子聚焦有許多應用。例如，在電視映像管中那些離開陰極的
電子被聚焦在螢幕上，形成一個小點。在此情形中，人們希望把所
有具同一能量、但以不同起始角射出的電子都聚集在一個小點上。
這一問題就像用透鏡使光聚焦一樣，因而對粒子做相應事情的裝
置，也稱爲透鏡。

　　我們把電子透鏡的一個例子略示於圖 29-5 中。那是一個靜電透
鏡，其作用取決於兩相鄰電極間的電場。它的作用情況，可通過考
慮從左邊進來的平行電子束會發生什麼事情，來加以理解。當電子

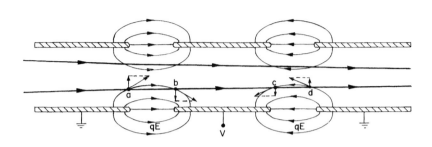

<u>圖 29-5</u>　靜電透鏡。這裡所示的場線是「力線」，即 qE 線。

到達區域 a 時，它們會感受到一個具有側向分量的力，而獲得使其彎向軸心的某個衝量。你或許會認為，電子將在區域 b 處獲得一個大小相等且反向的衝量，但並非如此。當電子到達區域 b 時，它們已獲得能量，從而在區域 b **停留較短的時間**。力是一樣的，但時間則較短，因此衝量也較小。在從 a 區進至 b 區時，有一淨軸向衝量，因而電子會彎向一個共同點。在離開高壓區時，粒子又得到指向軸心的另一次衝擊。在 c 區的力是向外的，而在 d 區的力則是向內的，但粒子在後一區域裡停留的時間較長，因而又再次受到一個淨衝量。對離軸心不太遠的距離處，通過透鏡時的總衝量與離軸線的距離成正比（你能看出為什麼嗎？），而這正是透鏡式聚焦所必要的條件。

　　你能夠用同樣的論據來證明：無論中間電極的電位，相對於其他兩極是正還是負，都會有聚焦作用。這一類型的靜電透鏡，通常用於陰極射線管和某些電子顯微鏡中。

29-4 磁透鏡

　　另一種透鏡，常出現在電子顯微鏡中，就是簡略示於圖 29-6 的磁透鏡。有一個柱對稱的電磁鐵，具有十分尖銳的圓形極尖，因而能在小區域內產生一個非均勻的強磁場。沿垂直方向穿越此區域的電子將被聚焦。

　　經由考察如圖 29-7 所示的極尖區域放大圖像，你能夠理解其機制。考慮相對於軸線以某一角度離開源 S 的 a 和 b 兩個電子。當 a 電子到達場的開始部分時，它將被場的水平分量所偏轉，以致**離開你**。但這時電子將有一個橫向速度，使得當它經過垂直方向的強磁場時，會得到一個指向軸心的衝量。當電子離開場時，它的橫向運動會被磁力消除掉，因而淨效應就是一個朝向軸心的衝量，加上一個環繞軸線的「旋轉」。作用於 b 粒子上的所有力都與此反向，因而它也朝向軸心偏轉。在此圖中，那些發散出去的電子都給引入平行路徑。此作用就像把一物體置於透鏡的焦點上。安置在上部的另一個相似透鏡，則可用來將這些電子再聚焦到單一點上去，造成 S 源的像。

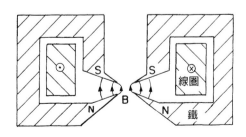

圖 29-6　磁透鏡

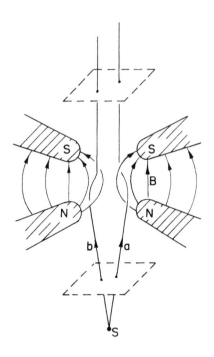

<u>圖 29-7</u>　電子在磁透鏡中的運動

29-5　電子顯微鏡

　　你們知道，電子顯微鏡可以「看見」光學顯微鏡所無法看到的極其微小物體。我們曾在第 I 卷第 30 章中討論過透鏡孔徑的繞射給任何光學系統所帶來的基本限制。假如透鏡孔徑相對於源點所張的角度爲 2θ（見圖 29-8），若在源處的兩相鄰點的間距，比

$$\delta \approx \frac{\lambda}{\sin \theta}$$

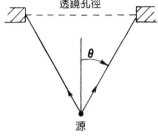

透鏡孔徑

θ

源

<u>圖 29-8</u> 顯微鏡的鑑別率受到源點張角的限制

還小，那就不能把它們看成是分開的兩點；式中 λ 為光的波長。用最優良的光學顯微鏡，θ 趨近於 90° 的理論極限，因而 δ 約等於 λ，即約為 5000 Å 。

對於電子顯微鏡來說，這同一限制也應該適用，不過對於 50 KV 的電子而言，這裡的波長約為 0.05 Å 。假如人們能夠採用接近 30° 的孔徑，就應該能夠看到相距只有 $\frac{1}{5}$Å 的兩物體。由於分子中典型原子的間距為 1 或 2 Å，我們能夠拍得分子的照片。生物學會變得較容易；我們將擁有 DNA 結構的照片。這將是多麼重大的一件事情啊！當前分子生物學領域中的大多數研究，就是企圖弄清楚複雜有機分子的形狀。但願我們能夠看到它們！

可惜，迄今在電子顯微鏡中能夠獲得的最高鑑別率，還只是接近 20 Å。原因在於：還沒有人能設計出一種具有大孔徑的透鏡。一切透鏡都帶有「球面像差」，那意味著與軸成大角度的射線和近軸射線有不同的聚焦點，如圖 29-9 所示。憑藉特殊的技術，光學顯微鏡的透鏡可以製造得使球面像差可忽略，但迄今還沒有人能製成避免球面像差的電子透鏡。

事實上，有人能夠證明：我們曾描述過的任何靜電透鏡或磁透

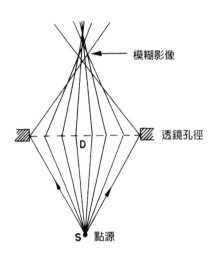

圖 29-9　透鏡的球面像差

鏡一定會有不可能消除的球面像差。此一像差,加上繞射,將電子顯微鏡的鑑別率限制在目前的大小。

　　我們所提及的上述限制,不適用於非軸對稱、或在時間上不是恆定的那些電場與磁場。或許有朝一日,有人會想出一種新型的電子透鏡,能夠克服簡單電子透鏡所固有的像差。那時我們就能直接為原子拍照了。也許有那麼一天,化學化合物將能經由考察原子位置,而非經由觀察某些沉澱物的顏色,來加以分析!

29-6　加速器導向場

　　在高能粒子加速器中,磁場也用於產生特殊的粒子軌跡。像迴旋加速器(cyclotron)和同步加速器(synchrotron)這一類機器,讓粒子反覆經過強磁場,而將粒子加速到高能量。磁場將粒子維持在

它們的循環軌道中。

我們已經看到，均勻磁場中的電子將在圓周軌道上運動。然而，這只對於完全均勻的磁場才成立。試設想一個 B 場，這個場的強度在大範圍下幾乎均勻，但在某一區域裡會稍微強於其他區域。若將一動量為 p 的粒子置於此場中，粒子將在幾乎是圓形的軌道內運動，軌道半徑為 $R = p/qB$。然而，在場較強的區域裡，軌道的曲率半徑會小一些。軌道不是一個閉合圓周，而會在場中「漫步」，如圖 29-10 所示。倘若我們樂意的話，可以認為場裡的這個小「誤差」產生了額外的角度衝量，會把粒子送上一個新的軌道。假如粒子要在加速器中繞行幾百萬圈，則某一種傾向於保持各軌道靠近某一設計軌道的「徑向聚焦」（radial focusing）是必需的。

對於均勻場來說，另一個困難是，粒子不會保持在一個平面上。假如粒子以一個微小角度開始，或因場中的任一微小誤差給予了一個小角度，粒子就將走螺旋路徑，而最終會闖進磁極，或到達真空室的頂板或底板。因此，必須做出某種安排，以避免這種垂直方向的漂移；場必須同時提供「垂直聚焦」（vertical focusing）和徑

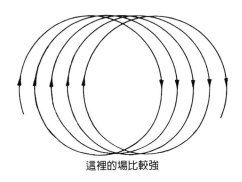

這裡的場比較強

圖 29-10　在稍微不均勻磁場中粒子的運動

向聚焦。

　　起初，有人猜測，可以製造一個磁場來提供這種徑向聚焦，而這磁場隨著與設計路徑中心之距離的增大而增強。於是，若有一粒子跑到較大的半徑上去，它便會處於較強的磁場之中，而被彎回到正確的半徑上來。假若粒子跑到了過於小的半徑上，則彎曲程度將變小，因而又會朝設計的半徑返回。一個粒子一旦相對該理想圓周以某個角度開始運動，它便會在該理想軌道上左右搖擺，如圖 29-11 所示。這種徑向聚焦作用會將粒子保持在該圓周路徑附近。

　　實際上，即使用**相反的**磁場斜率，仍然會有某種徑向聚焦作用。只要軌跡曲率半徑的增大不會快過粒子與場中心之距離的增大，這種聚焦作用就可能發生。粒子的軌道將如圖 29-12 所示。然

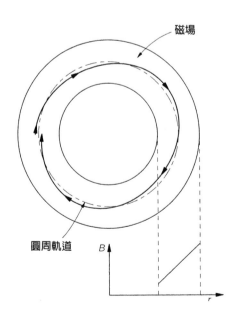

圖 29-11　在具有較大正斜率的磁場中，粒子的徑向運動。

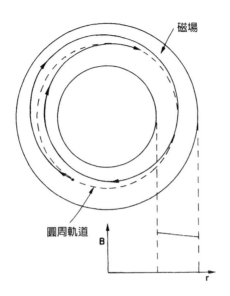

圖 29-12 在具有小的負斜率的磁場中，粒子的徑向運動。

而，若場的梯度太大，則軌道將不會回到設計半徑上來，而是向內旋入或向外旋出，如圖 29-13 所示。

我們通常用「相對梯度」（relative gradient）或**場指數**（field index）n 來描述場的斜率：

$$n = \frac{dB/B}{dr/r} \qquad (29.2)$$

假如這個相對梯度大於 -1，則導向場就能提供徑向聚焦。

徑向的場梯度也將對粒子產生**垂直方向的**力。假設我們有一個場，靠近軌道中心處較強，而外圍處較弱。磁鐵（垂直於軌道）的垂直截面，也許會如圖 29-14 所示。（對於質子來說，它們的軌道應該是從頁面出來。）假若左邊的場較右邊的強，則磁場線必然如圖所示的那樣彎曲。利用「自由空間中 B 的環流等於零」這一定

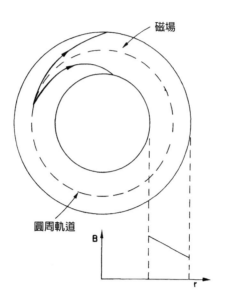

圖 29-13　在具有大的負斜率的磁場中，粒子的徑向運動。

律，我們可以明白，情況必然是這樣。若我們選取如圖所示的那些座標，則有

$$(\nabla \times B)_y = \frac{\partial B_x}{\partial z} - \frac{\partial B_z}{\partial x} = 0$$

也就是

$$\frac{\partial B_x}{\partial z} = \frac{\partial B_z}{\partial x} \tag{29.3}$$

由於我們已假定 $\partial B_z/\partial x$ 是負的，所以必然存在一個相等的負 $\partial B_x/\partial z$。假如軌道的「標稱」平面是 $B_x = 0$ 處的對稱平面，則徑向分量 B_x 在這一平面上方為負的，而在其下為正。場線必須彎曲成如圖所示的那個樣子。

像這樣的場，將具有垂直方向的聚焦特性。試想像一個質子正

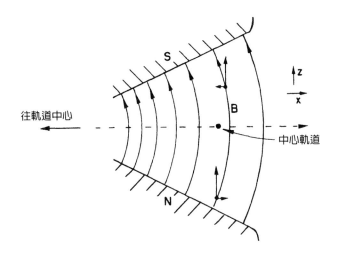

圖29-14　從垂直於軌道的截面,來看垂直方向的導向場。

在中心軌道上方運動,與中心軌道近乎平行。 $\boldsymbol{B}$ 的水平分量將對質子施予一向下的力。若質子是在中心軌道之下運動,則力將顛倒過來。因此,就有一個朝向中心軌道的有效「回復力」。依據我們的論證,將有一垂直方向的聚焦作用,只要該**垂直方向**場隨半徑的增大而減小;但假如這個場的梯度為正,則將有一「垂直散焦」(vertical defocusing)作用。因此,對於垂直聚焦來說,場指數 n 必須小於零。上面我們已求得對於徑向聚焦, n 必須大於 -1。將這兩個條件合在一起,就給出以下條件:

$$-1 < n < 0$$

若要將粒子維持在穩定的軌道上,則要滿足上述條件。在迴旋加速器中,常採用非常接近於零的 n 值;而在貝他加速器(betatron)和同步加速器中,則一般採用 $n = -0.6$ 的數值。

29-7 交變梯度聚焦

像這麼小的值，只會給出相當「弱」的聚焦作用。顯然有效得多的徑向聚焦作用應該由較大的正梯度（$n \gg 1$）來提供，但這時垂直方向的力將產生強大的散焦作用。同理，較大的負斜率（$n \ll -1$）會給出較強的垂直方向力，但卻會引起徑向的散焦作用。然而，約十年前，人們就已經認識到，在強聚焦與強散焦之間交變的力，仍然能夠產生**淨**聚焦力。

爲解釋**交變梯度聚焦**（alternating-gradient focusing）是如何作用的，我們將先描述四極透鏡（quadrupole lens）的作用情況，它的基礎與上述的原理相同。試設想一個均勻負磁場附加於圖 29-14 中的場上，並使其強度調整成在軌道處的場爲零。對於離中立點的小位移來說，合成的場會像圖 29-15 所示的場。這樣的四極磁鐵稱爲「四極透鏡」。從中點之左或右（從讀者的方向來看）進入場內的帶正電粒子，會被推回中心。假如這個粒子是從上面或下面進入的，則將被推**離**中點。這是水平方向的聚焦透鏡。

假若水平梯度都反向，正如經由變換所有磁極的極性所達成的情形，則所有力的正負號都將相反，因而我們就有垂直方向的聚焦透鏡，如圖 29-16 所示。對於這樣一種透鏡，場強度，連同聚焦力，會隨著離軸的透鏡距離而成線性增大。

現在設想有兩個這樣的透鏡，串聯安放著。若一粒子從某個位置進入場中，而這個位置在水平方向上偏離軸心，如圖 29-17(a) 所示，則粒子在第一個透鏡中，將朝軸的方向偏轉。當抵達第二個透鏡時，粒子距離軸已較接近，因而向外的力較小，向外的偏轉也較小。所以，有一個朝軸向的淨彎曲；**平均**效應是水平方向的聚焦作

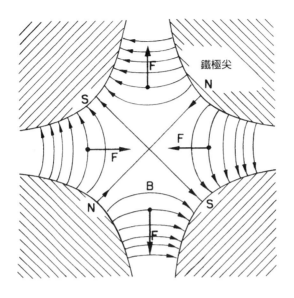

<u>圖 29-15</u>　水平方向聚焦的四極透鏡

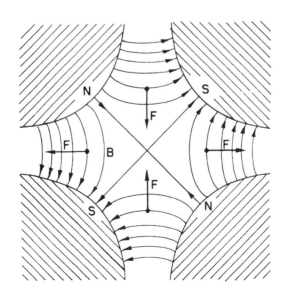

<u>圖 29-16</u>　垂直方向聚焦的四極透鏡

用。另一方面，假若我們考察一個進場時在垂直方向上就離開軸的粒子，則其路徑將如圖 29-17(b) 所示。此粒子起初偏轉**離開**軸，但之後它經過較大位移到達第二個透鏡，在那兒粒子會感覺到較強大的力，因而給彎向軸。淨效應再次為聚焦作用。因此各自對水平和垂直運動起作用的一對四極透鏡，非常像光學透鏡。四極透鏡用來形成並控制粒子束，與光學透鏡用於控制光束的方法十分相似。

我們還應該指出，交變梯度系統並非**總是**產生聚焦作用。假如

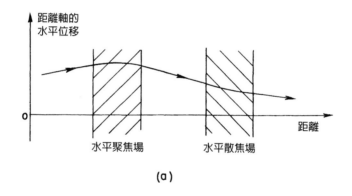

(a)

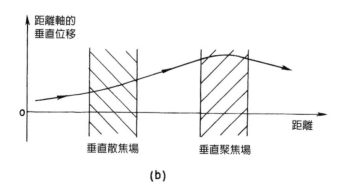

(b)

圖 29-17　利用一對四極透鏡，得到水平方向聚焦和垂直方向聚焦。

梯度太大（相對於粒子動量或兩透鏡的間隔來說），則淨效應可能是散焦作用。你若設想圖 29-17 中那兩個透鏡的距離增大為三或四倍，就能看清楚這種作用可能是如何發生的了。

　　現在就讓我們回到同步加速器的導向磁鐵上來。我們可以認為它是由「正」、「負」透鏡交替序列在疊加上一個均勻場而構成的。平均來說，均勻磁場用來讓粒子轉彎，使其做水平圓周運動（對於垂直方向的運動不起作用），而交變透鏡組則作用在任何也許已走錯路的粒子上——把它們（就平均而言）始終推向中心軌道上去。

　　有一套漂亮的力學類比，可以用來演示在「聚焦」力與「散焦」力之間交替變換的力能夠產生淨「聚焦」效應。試想像一副力學「擺」，它有一根**堅固的**棒棍，末端吊有重物，此棒懸在安排好的樞軸上，樞軸由電動機驅動的曲柄帶動，而使樞軸迅速上下運動。像這樣的擺，會有**兩個**平衡位置；除了正常的下垂懸掛位置外，還有一個「向上懸掛著的」平衡位置——擺錘高居於樞軸之**上**！這樣的擺如圖 29-18 所示。

　　透過下述論證，我們能夠看出，軸的垂直方向運動相當於交變聚焦力。當軸向下加速時，擺錘傾向於向內運動，如圖 29-19 所示。當軸向上加速時，這效應就反過來。促使擺錘恢復朝向軸線的力雖然在交替變換著，但其平均效應仍然是一個朝向軸線的力。所以這個擺將會圍繞正對正常平衡位的中立位置來回擺動。

　　當然，有一種容易得多的方法，可以讓一副擺保持倒立，那就是將它放在你的手指上**平衡**！不過你還可試一試，在**同一隻手指**上，平衡**兩根獨立的**棒子！或者，閉上你的眼睛，試著平衡一根棒子！平衡，含有對即將出現的錯誤進行修正的意思。而一般說來，倘若同時有幾件事情都發生錯誤的話，平衡是不可能達成的。在一

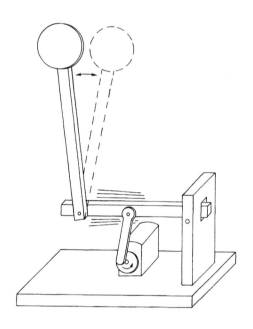

圖 29-18　一副配有振盪樞軸的擺，可以使位於軸上的擺錘有一個穩定的位置。

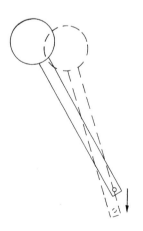

圖 29-19　軸的向下加速，會使得擺朝垂直方向運動。

部同步加速器中,有數以十億計的粒子同時在環行,其中每一個粒子都可能帶著不同的「誤差」出發。我們剛才描述的那種聚焦作用,對它們全都有效。

29-8 在交叉的電場與磁場中的運動

迄今我們談論了只在電場或只在磁場中的粒子。當這兩種場同時存在,會有一些有趣的效應。假設有一個均勻磁場 B 和電場 E 正交。凡垂直於 B 出發的粒子,都將沿如圖 29-20 所示的曲線運動。(此圖是在一**平面**上的曲線,而**不是螺旋線**。)我們能夠定性的理解這一運動。當(假定帶正電的)粒子在 E 的方向上運動時,它的速率會增加,因而受磁場彎曲的程度較小。當其逆著 E 場運動時,粒子的速率會減少,因而連續受磁場彎曲的程度多一些。淨效應就是,粒子有一個沿 $E \times B$ 方向的平均「漂移」。

事實上,我們能夠證明,上述運動是由一個等速圓周運動疊加於一個以速率 $v_d = E/B$ 行進的橫向等速運動之上的運動,圖 29-20

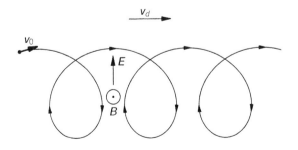

圖 29-20　在交叉的電場與磁場中,一個粒子的路徑。

中的軌跡就是一條圓滾線（cycloid）。試設想有一位觀測者，以等速向右運動。在他的座標系上，我們的磁場會變換成一個新的磁場，再**加上**一個方向**朝下**的電場。假如他恰巧具有正確的速率，則他的總電場將爲零，因而他將看到電子在做圓周運動。因此，**我們**看到的乃是一個圓周運動，加上一個以漂移速率 $v_d = E/B$ 行進的平移。電子在交叉的電場與磁場中的運動是**磁控管**（magnetron）的基礎，磁控管即是用來產生微波能量的振盪器。

在電場與磁場中的粒子運動，還有許多其他的有趣例子——諸如陷入凡阿侖帶（Van Allen belt）中的電子和質子的軌道，可惜我們這裡沒有時間來一一討論。

第30章

晶體內部的幾何結構

30-1　晶體內部的幾何結構

在研讀完了電磁學基本定律之後，我們現在要開始探討物質的電磁性質。我們先介紹固體——即晶體。當構成某物質的眾多原子，並非處於劇烈運動狀態時，它們傾向於凝結在一塊兒，並以儘量減低總能量的形態存在。如果局部區域的原子群，以某一適當的低能量形態組合在一起，則其他區域的原子，也可能以同一形態結合在一塊兒。基於這個理由，我們所見到的固體，通常不外是眾多原子以某個特定圖樣，在空間重複排列罷了。

換句話說，我們可進一步描述晶體內的情況如下：你先選定一個原子，其周圍環繞的原子，會呈現某一排列。若你移轉注意力至晶體內他處的第二個同類原子，則此原子周圍的原子，亦會毫髮不差的呈現同一排列。更進一步，若你繼續沿同一方向，再深入同一距離，檢視第三個原子，情況亦會是完完全全相同。亦即，在此晶體所存在的空間內，相同圖樣一再重複。

想像如下的問題。你被指定設計一張壁紙、或布面花樣，或一平面的花樣，而此花樣必須是基本圖樣的重複出現，直到填滿整個面。這個二維例子若是推廣至三維，就是晶體的情況。

圖 30-1(a) 顯示一種常見的壁紙設計，由一個基本樣式不停重複所構成。若我們忽略花朵的幾何形狀及藝術價值，這個基本樣式的重複方式便如圖 30-1(b) 所示。你可由任何一點出發，沿著箭頭 1

請參考：C. Kittel, *Introduction to Solid State Physics*, John-Wiley and Sons, Inc., New York, 2nd ed., 1956。

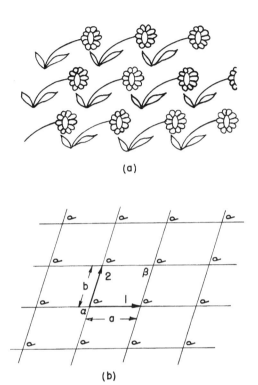

(a)

(b)

<u>圖30-1</u>　二維平面上的重複規律圖樣

的方向移動 a 距離，而抵達與出發點**對應**的另一點。同理，若沿著
另一個方向的箭頭移動 b 距離，則抵達另一個對應之點。事實上，
不只有以上兩個方向。你亦可由 α 點移動，抵達對應的 β 點。這個
走法可視為兩次移動之合成，即先沿方向 1 移動一步，再沿方向 2
移動一步。

　　這也顯示了，圖樣重複方式的一個基本性質能夠這樣描述，這
方式可經由兩個最短步驟抵達附近同樣的位置。在這裡，「同樣的」
位置意指，這個位置的周圍環境和原來位置的周圍環境完全相同。

以上所述，也是晶體的基本性質。差別僅在於，晶體是三維，而非二維的排列，而且晶體中的基本樣式並非花朵，而是某種方式的原子排列，例如六個氫原子及兩個碳原子。這些原子的排列方式可用 X 射線繞射實驗找出來。由於之前已討論過 X 射線繞射，我們只簡短提及，多數的簡單晶體及某些複雜晶體所顯現出來原子排列的精確資訊，都已由 X 射線實驗獲得。

晶體內部的排列圖樣會在物性上表現出來。首先，原子間的鏈結強度在某些方向上會強於其他方向。這意謂，晶體從某些面比較容易破壞。這些面，即所謂的**解理**面。若你用刀刃切割晶體，刀刃容易由這種平面切割進去。其次，晶體內部的原子排列樣式，亦會在晶體表面表現出來。想像一個晶體正由溶液中沉積出來。溶液中的原子浮游一陣後，會在低能量的位置上安居下來。（這情況彷彿像前例中的壁紙由以下方式形成：花朵四處飄落，直到其中一朵恰巧卡入定位，然後下一朵就定位，一朵接著一朵，如此逐漸形成花樣。）你可以預期，在某些方向的成長速度會不同於其他方向，因而晶體會成長為某種特殊的幾何形體。這個原因也造成了，許多晶體的表面，其實是晶體內部原子排列方式在某種程度上的反映。

例如，圖 30-2(a) 顯示的是石英晶體的典型外觀，晶體的內部結構為六邊形。當你仔細檢視此晶體時，會注意到外觀所呈現的六邊形並不完美，六邊的邊長並不相等，實際上，邊長的差異很明顯。但卻仍滿足了六邊形的一種幾何性質：即兩相鄰面間的**夾角**恰好為 120 度。原因是，任一表面的面積大小是受晶體成長時偶發的因素所決定，但是兩平面間的**夾角**卻是由內部的幾何結構所控制。因此，雖然每個石英晶體均有各自不同的外觀，但所對應的平面間的夾角是永遠不變的。

同樣的，氯化鈉晶體的內部幾何結構也反映在外觀上。圖 30-2(b)

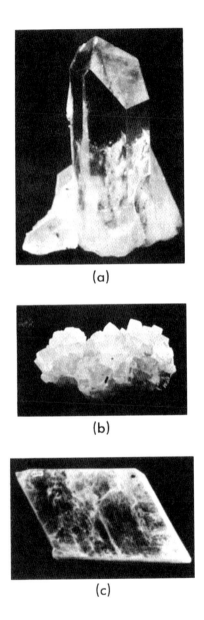

圖 30-2　天然晶體：(a) 石英，(b) 氯化鈉，(c) 雲母。

顯示了典型的食鹽顆粒。這樣的顆粒並非完美的立方體，但兩平面間的夾角恰好**為** 90 度。

一個更複雜的例子是雲母，其外觀為圖 30-2(c) 所顯示。這是有高度異向性的晶體，如果你想由某一方向（圖中的水平方向）讓晶體裂開來，是極為困難的，但卻可由另一方向（垂直方向）使它輕易裂開來。因這性質，雲母常用來製造堅硬的薄片。雲母和石英兩者是含有矽土的天然礦物，另一種含矽土的天然礦物是石綿。石綿所具有的一項有趣性質便是，它極易從兩個方向將其分開，但從第三個方向則甚為困難，就像是由許多強韌的**線狀**纖維所組成。

30-2 晶體內的化學鍵

很顯然，晶體的力學性質是由其原子間的化學鍵結所決定。例如，雲母在不同方向上所表現的強度差異甚大，便是和這些方向上的原子間鍵結有關。你必然已在化學課裡學過各種化學鍵的成因。首先，我們之前談的氯化鈉，就具有所謂的離子鍵。概略而言，鈉原子損失了一個電子而成為正離子；氯原子則獲得一個電子成為負離子。這些正負離子形成一個三維空間裡的交錯式排列，離子之間則由電力結合在一起。

共價鍵則更為常見，其電子是由兩原子共享，而且鍵結更強。舉例而言，在鑽石裡，一個碳原子以四個共價鍵跟四個最鄰近的原子鍵結，而賦予了鑽石堅硬的性質。在石英晶體裡，矽原子和氧原子之間亦形成共價鍵，但此鍵之共價性並不完全。鍵裡的電子並非真正由兩原子公平分享，換言之，原子帶有部分電荷，所以此晶體享有一些離子性。自然界並非如同我們對鍵結分類般的單純，在離子鍵和共價鍵之間可有各種程度的漸進變化。

　　糖的晶體則又屬於另一類的鍵結情況。在此晶體中，原子間先以共價鍵形成許多的大分子，所以這些大分子是非常強硬的結構。這些大分子內的電子都組合成了共價鍵，因此分子和分子間只剩下微弱的吸引力。這便形成了所謂的**分子**晶體。此晶體內，每個分子仍保留其個別的分子身分，而分子們的排列可能如圖 30-3 所示。因為分子之間並非由強力所維繫，此類晶體極易碎裂。這和鑽石的共價鍵晶體極為不同。鑽石晶體可視為一個龐大分子，你若想打碎它，必須先打斷那些強大的共價鍵。石蠟是另一個分子晶體的例子。

　　分子晶體的一個極端例子是氬固體。氬原子間的引力極弱，因為每個原子都是殼層已飽和的單原子分子。在極低溫時，由於熱運動太弱了，原子間的弱引力仍足以使原子群做規律的緊密球體堆積。

　　金屬則是另一類全然不同的物質。其鍵結與前述幾者均為不同，金屬的鍵結並不能歸之於相鄰兩原子之間所產生，而是整個金屬晶體所共同擁有。晶體內的眾多價電子（valence electron），並不僅屬於某一原子或某一對原子，而是由整個晶體所共享。每一個原子貢獻一個電子到共享的電子海裡，正離子們則定駐於此海之中。

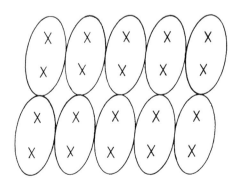

圖 30-3　分子晶體的晶格構造

電子海將正離子們拉在一塊兒，就像具有某種的黏膠功能。

　　金屬裡，因爲並無特定方向的鍵結，所以其鍵結也無從表現出強烈的方向性。此類固體仍爲晶體，然而在它們所處的最低能量狀態下，眾離子仍呈現某種特定的規則排列，只是此最低能量的最佳排列，僅略優於其他排列，換言之，能量相去不遠。大略而言，金屬內的原子可視爲許多小球的最緊密堆積。

30-3 晶體的成長

　　讓我們想像在地球上，晶體如何自然形成。地表上，有各式各樣的原子混合一塊，不斷受到火山運動、風力、水流所攪動，時時在遷移和混合。然而，因爲運氣，矽原子們慢慢發現彼此，並發現氧原子，從而形成矽土。如此，一個原子一個原子的加入，形成了晶體，於是原先的混合體則逐漸分崩離析。同樣的，他處則有鈉及氯原子找到彼此，並開始形成鹽的晶體。

　　一旦晶體開始成長，它是如何只容許某類的原子加入的呢？這要歸之於晶體的成長，是爲了儘可能降低能量。成長中的晶體之所以會接受一個新原子的加入，乃因這樣的加入有助於總能量之降低。但晶體如何**知道**，究竟該把一個矽原子或氧原子放在何處，才能給出最低能量？答案便是，經由嘗試錯誤。

　　在液體裡，所有的原子均不停的運動。每個原子以每秒約 10^{13} 次的頻率不停碰撞鄰近的原子。假使原子恰到好處的撞上了成長中晶體的某個特定之處，使得能量降低，則原子再逃脫出去的機會就隨之降低。經過數百萬年，以每秒 10^{13} 次的頻率，不停的碰撞及搜尋，原子一個個的卡入低能量位置，晶體乃逐漸形成，最終可長成大晶體。

30-4 晶 格

原子在晶體內的排列，也就是晶**格**，可以有各種的形式。我們現在介紹最簡單的一種晶格，大部分的金屬及惰性氣體所形成的固體，均屬這種晶格。那就是立方晶格，這類晶格可以有兩種形式存在：如圖 30-4(a) 的體心立方晶格，及圖 30-4(b) 的面心立方晶格。

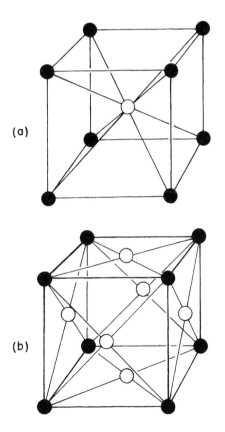

圖30-4　立方晶體的晶胞：(a) 體心立方晶體的晶胞，(b) 面心立方晶體的晶胞。

圖中所示僅是晶格中的一個立方體；你應當將晶格想像為，由這立方體在三維空間重複又重複所形成。並且為了圖示清晰起見，圖裡僅顯示了原子們的「中心」。在實際的晶體之中，這些原子們如同彼此接觸的球體。圖裡的黑色及白色球體可能是不同種類的原子，亦可能是同類的原子。例如，鐵在低溫時為體心立方晶格，但在高溫時為面心立方晶格。這兩種晶格形式的物理性質會有相當的差異。

晶格的形式是由哪些因素決定的？想像你被要求將眾多球狀原子做最緊密的堆積。一個做法便是如圖 30-5(a) 所示，先由一層「六角形最密排列」開始。之後，建立一模一樣的第二層排列，但沿水平方向略為偏移，如圖 30-5(b) 所示。再來，你可以往上繼續堆積第三層。但注意了，現在可是有**兩種**不同的方法來擺置**第三層**。若你第三層的一顆原子，恰好卡在圖 30-5(b) 裡的 A 位置，則此層中的每一原子，都恰好在最底層對應原子的正上方。另一個擺法是，第三層的一個原子，卡在圖 30-5(b) 裡的 B 位置，則此層中的每一原子，便都在底層某三顆對應原子所圍成之三角形正中心的正上方。其他可容許卡入第三層原子的位置，則只是 A 或 B 的同樣位置，因此，第三層原子的擺法只有前述兩種。

若第三層有一個原子卡入 B 點，則此晶格為面心立體晶格，但需從某一角度才能看出。這似乎很奇怪，六角形堆積的原子層最終居然產生了立方體。事實不然，若是從某個角度去看立方體，它的確是有六邊形的外觀。由圖 30-6 便可看出，不同的觀察角度會給出六邊形或立方體。

若第三層有一個原子卡入 A 點，則晶格不再為立方體結構，而是僅僅具有六角對稱的晶格。然而明顯的，這種堆擺方式和前一種屬於同樣緊密程度的堆積。

某些金屬，例如銅與銀，選擇第一種堆擺方式，即面心立方

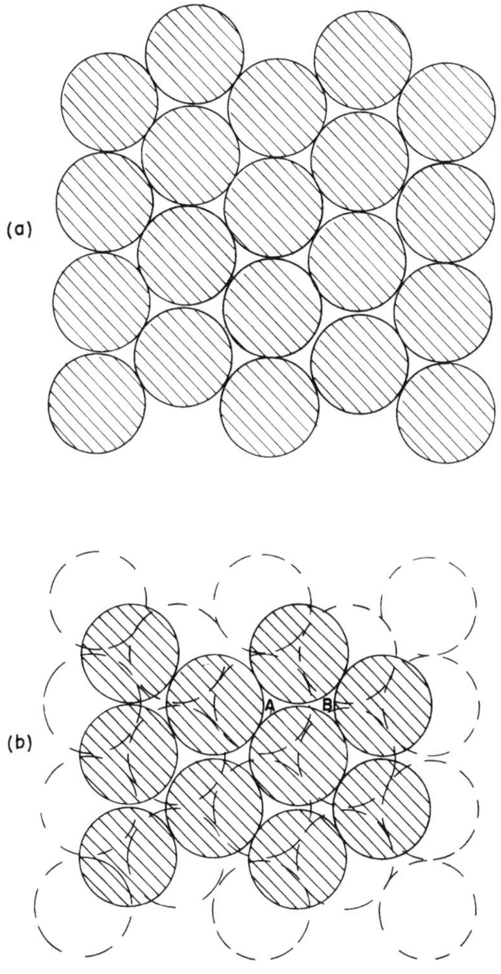

圖 30-5 建立六角形最密晶格

體。其他金屬,如鈹與鎂,則選擇第二種,而形成六角晶體。顯
然,究竟一晶體的晶格為何,並非只由小球體的堆積方式決定,還
需要考慮其他因素。其中,原子之間的吸引力會隨角度而略為改變

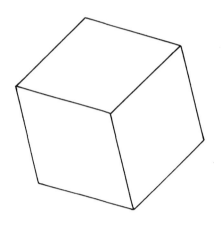

<u>圖 30-6</u>　由某一個角看過去，這究竟是六邊形或立方體？

（或是，在金屬例子裡，和電子海能量有關）。當然，你將會在化學
課學到這些。

30-5　二維系統的對稱性

我們現在要從晶體內在的對稱性，來討論它們的物理性質。晶
體主要的特徵是，若你由一個原子出發，移動一個晶胞的距離，你
會到達另一環境完全相同的原子。這是晶體的基本性質。但是，若
你是其中的一個原子，你會發現另一種不同種類的轉換，也可維持
你周遭的環境不變，也就是另一種可能的「對稱性」。圖 30-7(a) 顯
示一種可能的壁紙設計（或許你從未見過）。讓我們比較 A 及 B 兩
點的周圍環境。乍看之下，你或會認為這兩點的環境是相同的，其
實不然。C 與 D 兩點才和 A 點是同樣的，然而 B 點的環境卻需先做
鏡反射後，才會與 A 點的環境相同。

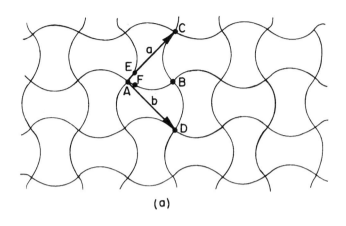

(a)

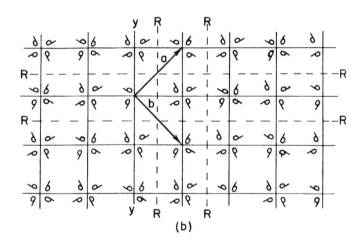

(b)

圖30-7　具有高度對稱性的圖樣

　　在前圖中，尚有其他種類的同樣的點。例如，E點及F點即擁有「相同的」環境，彼此之間只是相差了90度的旋轉。這種圖樣有其特殊性。圍繞著中心，例如A點，做一個90度或是90度的任意倍數的旋轉，會產生和原圖樣相同的圖樣。晶體若具有這樣的特

性，則其外觀將擁有方正之角，但內在則可能比一個簡單的立方體複雜。

　　描述了幾個對稱性的例子後，現在，我們來嘗試找出晶體所可能具有的對稱性。首先，我們考慮平面的問題。一個**平面**晶格可以用兩個所謂的**基**向量（primitive vector）來定義，此兩個基向量把一個晶格點連接至**最近的**其他兩個同樣晶格點。圖 30-1 中的向量 **1** 及 **2** 便是圖中晶格的基向量。同樣的，圖 30-7(a) 中的向量 **a** 及 **b** 是該圖樣的基向量。或者，我們亦可以將 **a** 換爲 $-a$，或將 **b** 換爲 $-b$。因爲 **a** 及 **b** 具有相同大小，而且又互相垂直，轉動 90 度，會將 **a** 變爲 **b**，而 **b** 變爲 $-a$，轉動後之兩向量所定義的新晶格，仍與原晶格重疊。

　　我們曾談到一些晶格具有所謂的「四邊」對稱性，也曾談到一個以六邊形架構起來的緊密排列，這種排列具有六邊對稱性。在圖 30-5(a) 中，將這些圓形排列做 60 度旋轉，旋轉中心爲某一圓形，都能產生與舊圖樣完全重合的新圖樣。

　　還有其他種類的旋轉對稱性嗎？例如，五重或八重的旋轉對稱性？顯然是不可能的。**多於四邊的多邊對稱性，只有六邊對稱性。**我們首先來說明，不可能存在有多於六邊的對稱性。嘗試想像這樣的一個命題，如圖 30-8(a) 所示，兩基向量間的夾角小於 60 度。*B* 及 *C* 兩點與 *A* 點是同樣的點，且 **a** 和 **b** 爲兩個從 *A* 點連接到同樣鄰近點的**最短**向量。但這顯然會造成問題。注意，*B* 點至 *C* 點這兩個同樣點之間的距離更短。這意謂著必然有一個同樣的點 *D* 存在於 *A* 的附近，如圖所示，比 *B* 或 *C* 都更爲靠近 *A* 點。所對應的 **b'** 向量，應該取代兩個原先的基向量之一。則兩個基向量的夾角便大於 60 度，與原命題不合。故知八角對稱性是不可能的。

　　五重對稱性又如何呢？我們先假設，如圖 30-8(b) 所示，**a** 及 **b**

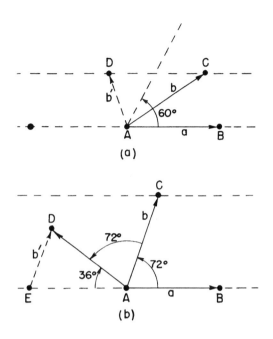

<u>圖 30-8</u>　(a) 大於六重的旋轉對稱性是不存在的。(b) 五重對稱性是不可能的。

為兩個基向量，具有相同大小，且夾角為 $2\pi/5$ = 72 度。則應該存在有一同樣 D 點，以 72 度偏離 C 點。但是，這蘊含著從 E 到 D 的向量 *b'* 會短於 *b*，因此 *b* 便不成為基向量了。因此，不可能存有五重對稱性。

　　要能不產生如上的困難，僅有下面幾種可能的狀況，即 θ = 60 度、90 度、或 120 度。0 度或 180 度也是可容許的。或者可以敘述如下，在轉動下要不改變原圖樣，則此旋轉必須是完整的一圈（或不旋轉）、半圈、三分之一圈、四分之一圈、或六分之一圈。這五種，便是平面晶格所能擁有的旋轉。若 $\theta = 2\pi/n$，我們稱為「n 重」

對稱性。我們說 $n = 4$ 或 6 的圖樣具有高於 $n = 1$ 或 2 的「較高對稱性」。

回來看圖 30-7(a)，此圖樣具有四重的旋轉對稱性。在 30-7(b) 中的設計也具有和 (a) 相同的對稱性質。請注意，(b) 中的小蝌蚪們本身是不對稱的，這將影響到每個方塊的整體對稱性。也請同時注意到，兩相鄰方塊內的蝌蚪是互為反置的，所以一個單位晶胞其實要較一個方塊為大。若拿掉所有的蝌蚪，則圖樣仍是擁有四重對稱性，然而單位晶胞將會變小。圖 30-7 的圖樣還有其他的對稱性。例如，在以任一條虛線 R-R 為鏡面的鏡反射下，圖樣並不改變。

圖 30-7 的圖樣還有下列的對稱性。若對於 Y-Y 連線做鏡反射，再往右（或左）平移一個方塊，原圖樣並不改變。我們稱 Y-Y 連線為「滑移」線。

以上便是所有可能的二維平面的對稱性。尚有一個空間對稱操作，在**二維**時等同於 180 度的旋轉，但是在三維時則不然。這就是**反轉**。所謂的反轉，便是將距離某原點（例如，圖 30-9(b) 中的 A 點）為向量位移 **R** 的一點，移至 −**R** 的點。

圖 30-9(a) 的圖樣，在反轉下，變成新的圖樣，但 (b) 圖樣在此反轉下並不改變。對於二維圖樣而言（可由 (b) 圖看出），對於 A 點所做的反轉，等同於圍繞該點做 180 度的旋轉。然而，如果我們以下列方式將圖 30-9(b) 改成三維，即賦予圖裡的每個 6 及 9，各一個**指出頁面**的「箭頭」，則在反轉下，所有的箭頭會變成指進頁面，故而圖樣**無法**重現。我們若以「‧」及「×」分別表示箭矢的頭及尾，我們便建立了**三維**圖樣，如圖 30-9(c)所示。但該圖在反轉下是**不具**對稱性的。我們亦可建立如同 (d) 的圖，那**確實**擁有反轉的對稱性。總之，我們可看到，三維空間的反轉，絕對**無法**以幾種旋轉的組合達成。

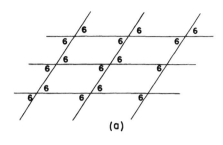

(a)

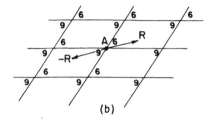

(b)

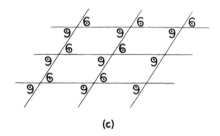

(c)

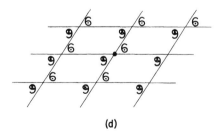

(d)

圖 30-9　反轉下的對稱性。若 $R \rightarrow -R$ ，圖 (b) 並不改變，但圖 (a) 則改變了。三維情況下，圖 (d) 在反轉下呈現對稱性，但圖 (c) 則不然。

若我們用對稱操作把圖樣或晶格的「對稱」分門別類，則在二維系統裡，共有 17 種圖樣。圖 30-1 中所顯示的圖樣，是對稱性最低的，而圖 30-7 中的圖樣則具有高度的對稱性。我們讓你們自己去嘗試找出這 17 種可能的圖樣。

令人不解的是，這 17 種可能的圖樣之中，只有少數幾種已用於壁紙或布料的設計上。通常見到的，不外只是三或四種基本圖樣。究竟是設計師的想像力不足，或是其餘的圖樣不夠賞心悅目呢？

30-6 三維系統的對稱性

截至目前為止，我們的討論僅限於二維的圖樣。其實真正令我們感興趣的，卻是原子在三維空間的排列圖樣。首先，顯然三維晶體具有**三個**基向量。更進一步說，三維空間的對稱操作，則有 230 種之多！基於某些理由，這 230 種對稱操作，通常分成 7 大類，如圖 30-10 所示。

具最低對稱性者稱為**三斜**晶體，其單位晶胞為一個平行六面體。三個基向量的長度均不同，任兩向量間的夾角也彼此相異。此晶格不含有任何的旋轉或反射對稱性。但是，具有下列兩種對稱的情況，即單位晶胞在對某一頂點所做的反轉下，可以有或沒有對稱性。（三維系統的反轉，意指位置向量 R 變換為 $-R$，換言之，也就是 (x, y, z) 變換為 $(-x, -y, -z)$。）因此，三斜晶格只有兩種可能的對稱情形。若所有的基向量為等長，且彼此之間的夾角均相等，則形成了圖中所示的**三角**晶格。此晶格多了一種對稱性，即在立體對角線為軸心的旋轉下，晶格可保持不變。

若其中的一個基向量，好比說是 c，和其他兩向量垂直，則形

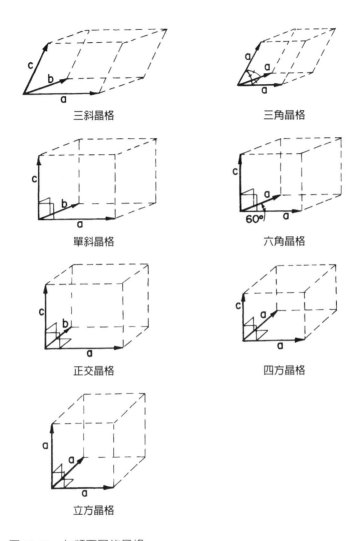

三斜晶格

三角晶格

單斜晶格

六角晶格

正交晶格

四方晶格

立方晶格

圖 30-10　七類不同的晶格

成了所謂的**單斜**晶體的單位晶胞。這便給出了一種新的對稱性——圍繞 *c* 做 180 度的旋轉。若 *a* 及 *b* 向量等長,且其間之夾角為 60 度,則形成一特殊單斜晶體,稱為**六角**晶格;以 *c* 為軸心,旋轉 60

度、或 120 度、或 180 度，均可能使得晶格不產生改變（當單位晶胞內的原子排列滿足某些對稱性時）。

若三個基向量互為垂直，且不具相同長度，我們便有了所謂的**正交**晶格。此晶格對於以任一基向量為軸心的 180 度旋轉都是對稱的。若其中兩個基向量長度相同，則我們便有了對稱性較高的**四方**晶格。最後，具有最高度對稱性的，即是所謂的**立方**晶格。

之所以要討論對稱性，是因為晶體的內在對稱性確實會顯示在晶體的巨觀物理性質上，雖然有時候不那麼明顯易見。舉例而言，晶體具有所謂的電極化張量。如果此張量以極化橢球來表示，我們可預期某些晶體對稱性將反映在此橢球上。例如，立方晶體以其三個正交方向中任一者所做的 90 度旋轉下，都是對稱的。其對應之橢球，亦應具同一性質，所以這樣的橢球必然為球體。**立方晶體的介電性質必定具有均向性。**

相對的，四方晶體僅有一個四重旋轉對稱性。其對應的橢球，其中兩主軸必然等長，且第三條主軸必然和晶軸平行。同理，正交晶體對於其三個正交方向，都具有二重的旋轉對稱，這些正交方向必然一一對應於其極化橢球的三個主軸。同樣的，單斜晶體的**一條**晶軸，必然平行於其橢球的**一條**主軸，而其他方向如何，則無法進一步由對稱性加以推論。對於三斜晶體而言，因不具有任何的旋轉對稱性，其橢球體可能指向任何方向。

你現在已可看出，我們可以相當深入分析所有的對稱性，並用於推論諸般物理張量的性質上。前面已談過了極化張量，而其他的張量則可能更複雜，例如彈性張量。有一門數學，稱之為「群論」，即在有系統的處理此類問題。但是一般而言，若能善用物理判斷，亦足以獲得你要的答案。

30-7 金屬的強度

我們說過，金屬通常具有簡單的立方晶體結構。我們現在便要討論它們的力學性質——這些性質是由晶體結構所造成的。一般而言，金屬是很「柔軟」的，因為它們極易產生層狀的滑移。你可能會認為：「這太荒謬了，金屬是很堅硬的。」其實不然，真正所謂的一個金屬的**單晶體**是很容易扭曲變形的。

讓我們考慮圖 30-11(a) 中的情況。圖裡顯示晶體中的兩層原子正遭受到切力。你或許會認為，整個原子層會與這外力抗衡，直到外力足夠大時，整層原子才會滑過阻擋的小圓丘，而往左前進了一格。然而，滑移雖然發生，卻非藉由上述的方式。（若不然，則你將可證明，金屬的強度會遠大於它事實上所具有的。）實際上，滑移的機制較像是，一次只有一個原子移動。最左方的原子先做跳

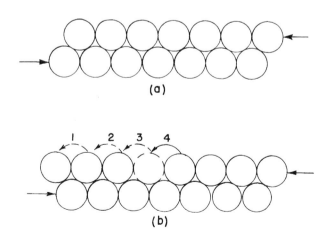

圖 30-11　晶格平面的滑移

躍，其次是下一個……等等，如圖 30-11(b) 所示。我們也可以說，是兩原子間的空位很快的往右移動，結果便是，整層的原子移動了一個原子間隔。滑移之所以藉由此機制進行，是因爲一次移動一個原子，所需的能量遠少於一口氣移動整層的原子。一旦外力大到足以開始移動一個原子，整層原子的移動很快就可完成。

在眞正的晶體裡，滑移會重複的發生在某一平面上，之後便停止，而開始了另一平面的滑移。爲何如此，細節的原因尚不清楚。同樣奇怪的是，滑移區域彼此間的距離幾乎是一個定值。圖 30-12 顯示一片很薄的銅晶體在受拉扯後的情況。圖裡可見到發生滑移的各個平面。

你可以很清楚的知道，晶格平面何時產生了滑移。例如，你可

圖 30-12　一小片銅晶體在拉扯後的照片。（賓州門羅維市「美國鋼鐵研究中心」的資深科學家 S. S. Brenner 提供。）

拿一段錫絲，裡頭含有大塊晶體。將錫絲放在你耳邊，並拉扯它。你將會聽到一連串「喀嚓」聲，裡面的平面一個接著一個的給推至新位置。

更複雜的問題，像是某一列的原子層中「掉」了一個原子，這可不僅僅如圖 30-11 顯示的那麼單純。在更多原子層的情況下，這複雜的問題是如圖 30-13 所示。這樣的晶體缺陷，稱為**錯位**。通常認為這類的錯位不外是晶體成長過程中所形成的，再不就是當表面產生裂縫時。錯位一旦產生，它們可以很自由的在晶體中移動。晶體中較大的變形，由眾多這樣的錯位移動所造成。

錯位之移動是很容易的，也就是說，它們所需的能量很少，只要晶體的其餘部分是完美時。但當它們遭遇晶體內的他種缺陷時，即有可能被「卡住」。若需要很多的能量，才能夠讓錯位通過這樣的缺陷，錯位的移動便停頓下來。這個機制賦予了**非完美**金屬晶體

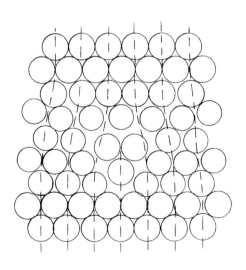

圖 30-13　晶體中的錯位

強度。純質的鐵晶體很柔軟，但攙入一點雜質原子後，便可能產生足夠數量的缺陷，卡住了錯位的移動。例如，鋼很堅硬，其成分主要是鐵。在製造鋼時，把少量的碳融解在鐵熔漿裡。當熔漿很快冷卻時，碳便沉積爲小顆粒狀，造成晶格內有多個微小的畸變。結果，錯位再也無法四處移動，金屬因而硬化。

　　純銅相當柔軟，但可以把它「加工硬化」。例如，用鎚子敲擊或重複彎折。這樣，便可造成各種新的錯位，彼此干擾，而降低了它們的移動能力。或許你們曾見過，有人拿一根「極軟」銅條，將它放在手腕上，彎成手鐲。在這過程中，銅條被加工硬化，再也無法回復原形。像這樣加工硬化的金屬，可以用高溫退火的方式恢復其柔軟。原因是，原子的熱運動可以抹平這些錯位，而形成大塊的單晶。以上只討論了**滑移**錯位。另外的錯位尚有許多種，例如圖 30-14

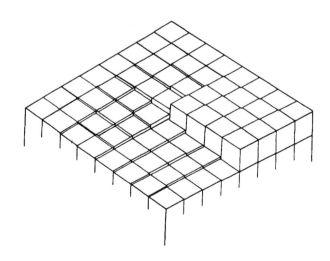

圖 30-14　螺旋錯位。（取自 Charles Kittel, *Introduction to Solid State Physics*, John Wiley and Sons, Inc., New York, 2nd ed., 1956。）

所顯示的**螺旋**錯位。這種錯位在晶體成長時，扮演重要的角色。

30-8 錯位與晶體成長

晶體如何生長，曾經是長期以來令人百思不解的問題。我們曾講過，一個原子如何藉由不斷的嘗試，決定是否應該加入晶體。此意謂著，每個原子都必須找出自個兒的低能量位置。然而，擺在生長晶體表面的一個新原子，只受到下方一或二個化學鍵的束縛。相對的，擺在靠角落的一顆原子，卻在三個方向上和其他原子有所接觸，因而具有不太一樣的能量。

讓我們將晶體的成長，想像為堆積磚塊，如圖 30-15 所繪。若我們將新的磚塊放置在 A 處，則它只接觸到它在長晶完成後六個相

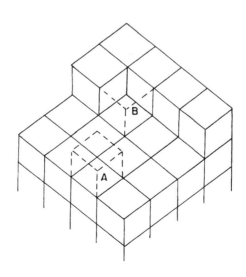

圖 30-15　晶體的成長

鄰磚塊中的一個。因缺乏足夠的接觸,這個新加入的磚塊的能量不甚低。如果是在 *B* 處會更好,在那裡,新磚塊所具有的鍵結數已經是可能鍵結數目的一半。事實上,晶體成長的方式,是藉由將新原子放置於圖中 *B* 處的擺法來進行。

　　當那一行擺完後,會如何呢?要開始新的一行時,這個新原子必定只能在兩方向上和其他原子接觸。這樣的或然率並不高。即或發生,當整層長完後,又該如何呢?新的一層要如何開始?一個答案是,晶體偏好沿著錯位缺陷進行成長,例如圖 30-14 所示的螺旋缺陷。當新的磚塊加上來時,總有某些地方可以使它在三個方向上和舊磚塊形成鍵結。因此,晶體傾向於築構錯位於其成長過程中。圖 30-16 是石蠟單晶的照片,顯示出螺旋式的成長。

圖30-16　石蠟單晶沿著螺旋錯位成長。(取自 Charles Kittel, *Introduction to Solid State Physics*, John Wiley and Sons, Inc., New York, 2nd ed., 1956。)

30-9 布拉格－奈伊晶體模型

　　理所當然，我們無法以肉眼看到晶體內各個原子的活動情形。
同時，我們已經知道，晶體內有許多複雜的現象，是不易以定量的
方法來處理的。

　　布拉格爵士（Sir Lawrence Bragg，1915 年諾貝爾物理獎得主）與
奈伊（J. F. Nye）提供了一套辦法，可用來建立金屬晶體之模型，且
此模型顯示許多實際上發生在金屬裡的現象。我們將他們的原始論
文收錄在後，論文中描述這套辦法，以及用這辦法所得到的一些結
果。（這篇論文獲得英國皇家學會與兩位作者的首肯，翻印自
Proceedings of the Royal Society of London, Vol. 190, September 1947,
pp. 474-481。）

晶體結構之動力模型

布拉格爵士與奈伊
劍橋大學卡文迪西實驗室

（收稿日期： 1947 年 1 月 9 日；閱稿日期： 1947 年 6 月 19 日）

晶格之結構，可由懸浮於肥皂溶液上之氣泡組織得出，氣泡直徑為
1 公釐或更小。氣泡係使用細小吸量管，以固定的氣壓，由液面底
下吹出所產生，該方法產出之氣泡，具有相當均勻的尺寸分布。由
於表面張力之故，氣泡聚集在一塊兒，或在液面上形成單層排列，
或為三維結構。該結構可含有數以十萬計以上的氣泡，並可持續存
在一小時甚或更久。這些組織表現出一般所認為金屬中原子的排列
方式，並同時可模擬在金屬中所觀察到的效應，如粒界、錯位與其
他形式的缺陷、滑移、再結晶、退火，以及引入「外來」原子所造
成的應變。

1. 氣泡模型

　　晶格模型常使用下列幾種方法製成，例如，以懸浮的小磁鐵代
表原子，或是以液體表面的懸浮圓盤代表原子，但是由於毛管吸
力，圓盤會聚集在一塊兒。這些模型有些不便之處；例如，當使用
彼此接觸的懸浮物體時，其間的摩擦力會阻礙物體，而無法自由移

動。更嚴重的問題是，物體的數量會受限，無法達到為確實表示真實晶體性質所需之龐大數量。本篇論文描述了以下模型的行為，在該模型裡，原子係由直徑介於 0.1 至 2.0 公釐之間的氣泡所代表，這些氣泡懸浮於肥皂溶液的表面上。這些小小的氣泡可持續存在於耗時一小時以上的實驗觀測裡，氣泡可彼此滑過對方，而無摩擦的阻礙，且可大量製造。本篇論文中，某些插圖，便是對總數十萬個以上的氣泡組織進行實驗觀察所得出的。此模型可極為精準表現出金屬結構的行為，因為，這些氣泡為單一種類，且由於普通的毛管吸力，氣泡彼此會吸附在一塊兒，這可對應於金屬中自由電子所給出之結合力。我們之前曾在 *Journal of Scientific Instruments*（Bragg 1942*b*）中，對此模型做過簡短介紹。

2. 製造方法

氣泡是從肥皂溶液液面之下，由一細孔吹出。使用英國皇家研究院的格林（Green）先生所給的配方做成溶液時，我們得到最佳的結果。此配方為 15.2 c.c. 的油酸（再蒸餾過的純酸）加入 50 c.c. 的蒸餾水內，並徹底搖晃。再與 73 c.c. 的濃度 10% 的三乙醇胺完全混合，總量成為 200 c.c.。再加入 164 c.c. 的純甘油。放置一陣後，將清澈液體由底下抽出。在某些實驗裡，會加入三倍體積的水液至此溶液中，予以稀釋。噴氣管之出孔放置於液面下方 5 公釐處。我們以兩個溫徹斯特燒瓶，氣壓維持在 50-200 公分水柱之高度。一般而言，氣泡大小相當均勻。有時候，氣泡出來的方式變得混亂，此時，便可調整噴氣管或壓力以修正之。不需要的氣泡，則可用火焰將它們由表面蒸發掉。圖 1 顯示該裝置。我們發現，將容器底部塗黑，可突顯某些氣泡結構之細節，例如晶界及錯位，就可以更為清

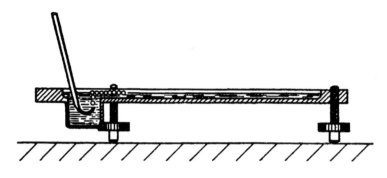

圖1 產生泡筏的裝置

楚的顯示出來。

圖2顯示泡筏,也就是二維氣泡晶體的部分結構。此結構之規則性,可由傾斜方向檢視此圖來判斷。氣泡大小與噴氣管口徑有關,但看來似乎不隨壓力、或噴口在水面下的深度,而有明顯程度的變化。增加氣壓的主要效應,在於增加氣泡的產出速率。例如,厚壁噴氣管直徑為49微米,壓力為100公分,產生氣泡的直徑為1.2公釐。薄壁噴氣管,直徑為27微米,壓力為180公分,產生氣泡的直徑為0.6公釐。為方便起見,將氣泡分類如下:1.0至2.0公釐者稱為「大型」氣泡,0.6至0.8公釐者稱為「中型」氣泡,0.1至0.3公釐者稱為「小型」氣泡;不同大小的氣泡,會表現不同的行為。

在以上的裝置裡,我們尚無法降低噴氣管的口徑,所以無法用它來產生直徑小於0.6公釐的氣泡。由於實驗裡也需要用到極小的氣泡,我們轉而將肥皂溶液放置於旋轉容器裡,將一細微的噴氣管儘量擺置為平行於流線之方位。使得氣泡一旦形成,便馬上被帶離噴口,當各種條件穩定時,氣泡大小相當一致。它們的產出速率為每秒1,000個以上,因此會發出尖銳的高音。容器旋轉時,因離心

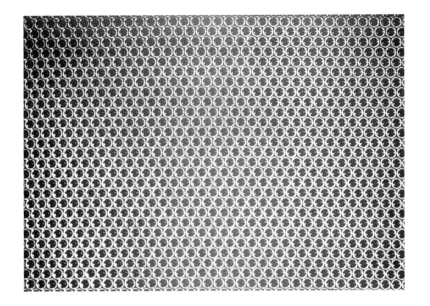

<u>圖2</u> 泡筏的完美結晶質。直徑 1.41 公釐。

力之作用,造成容器壁周圍的液面升高,但旋轉停止後,氣泡與溶液又回復至原先的水平狀態。使用如圖3所示的這種裝置,可產生直徑小至 0.12 公釐的氣泡。例如,38 微米口徑的薄壁噴氣管,在 190 公分水柱的壓力下,以及液體通過噴口速率為 180 公分/秒時,產生氣泡的直徑為 0.14 公釐。這個例子裡,圓盤直徑為 9.5 公分,轉速為6轉/秒。圖4便是這些「小型」氣泡的放大圖,顯示其排列之規則程度;轉動容器所產生之氣泡排列圖樣,不及靜止容器所產生的那樣完美,若由傾斜的方向檢視,便可看出,此排列顯示出輕微的不規則性。

以上這些二維晶體,顯示出一般所認為金屬中原子的排列方式,並同時可模擬在金屬中所觀察到的效應,如粒界、錯位與其他

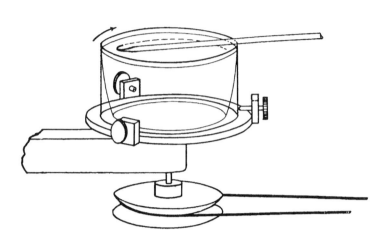

圖3　產生小型氣泡的裝置

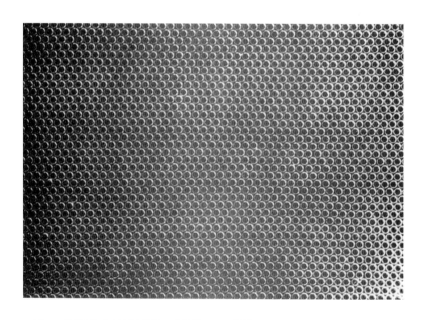

圖4　泡筏的完美結晶質。直徑為 0.30 公釐。

形式的缺陷、滑移、再結晶、退火，以及引入「外來」原子所造成
的應變。

3. 粒界

圖 5a、5b 及 5c 顯示，當氣泡直徑分別為 1.87、0.76 及 0.30
公釐時的典型粒界結構。在邊界處，氣泡不規則分布所占據區域的
寬度，隨氣泡尺寸縮小而增大。圖 5a 顯示出幾個相鄰的晶粒，由
圖可看出，在粒界之氣泡，總是依循共享邊界的兩晶粒中的某一結
晶質排列。圖 5c 中，兩晶粒之間，有一顯著的「拜耳比層」
（Beilby layer）。底下將會見到，氣泡愈小，其彈性愈低，這性質似
乎造成小氣泡的粒界表現較嚴重的不規則性。

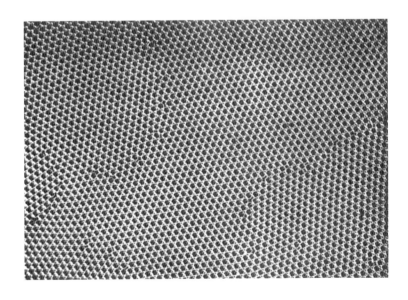

圖5a　粒界情形。氣泡直徑為 1.87 公釐。

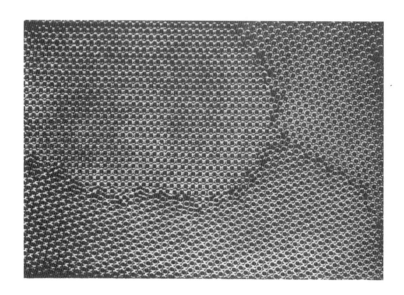

圖 5b　粒界情形。氣泡直徑為 0.76 公釐。

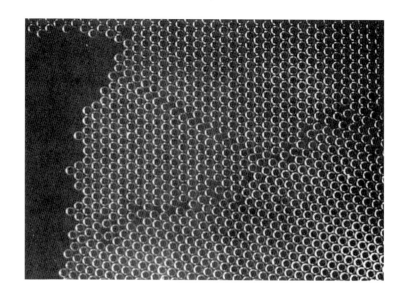

圖 5c　粒界情形。氣泡直徑為 0.30 公釐。

多晶泡筏，如圖 5a 至 5c 及圖 12a 至 12e，由傾斜方向檢視時，可明顯看出個別晶粒的存在。在適當的燈光下，由傾斜角度注視懸浮氣泡層，其組織看來極為類似磨光、蝕刻後的金屬。

通常，某些「雜質原子」，也就是尺寸與氣泡平均直徑差距較大的氣泡，會出現於多晶泡筏中。當這情況發生時，這些雜質有相當大的比例會座落於粒界。我們不要以為，這些不規則的氣泡是穿過規則結構才來到粒界處；因為本模型的一個缺點，便是氣泡無法在結構裡擴散，只有相鄰氣泡之間能夠共同進行調整。我們的觀察似乎顯示，粒界可透過下列方式自我調整，即某個晶粒成長增大，而別個晶粒則被犧牲減小，直至粒界遭遇到不規則原子為止。

4. 錯位

當單晶或多晶泡筏受壓縮、展延、或遭到其他種類的變形時，所表現出來的行為非常類似在應變之下的金屬。在某一極限值之內，該模型表現出有彈性的行為。超過極限值時，模型便沿著緊密堆積的三個相同方向之一，產生滑移現象。滑移的發生，是因某一排的氣泡，相對於鄰排，往前滑動了一個氣泡的間距。注視這個過程如何發生，是極為有趣的。滑移過程中，並非整排氣泡同時進行移動。而是在某端出現了「錯位」現象時，由此端開始，在錯位處滑移線一側，比另一側多出了一個氣泡。此錯位便沿著滑移線，由晶體的一頭傳至另一頭。最後，造成某排氣泡滑移了一個「原子間距」的距離。這樣的過程，便是歐羅萬（E. Orowan）、波蘭依（M. Polanyi）及泰勒（G. I. Taylor）提議用來解釋，為何在金屬結構中，需要些許應力產生塑性滑移。泰勒（1934）所提出之理論，便是考慮這些錯位的交互作用與平衡，以解釋晶體的塑性變形機制。氣泡

　　模型對於金屬的塑性行為，提供了令人驚奇的物理圖像。有時，錯位的移動非常緩慢，大約需時數秒，才能穿越整個晶體；靜態錯位亦可在形變不均勻的晶體內見到。它們看來如同黑色短線一般，例如在圖 12a 至 12e 的一系列照片中便可見到。當多晶泡筏受到壓縮時，可看到晶體內各處，均有黑色線段向四面八方橫衝直撞。

　　圖 6a、6b 及 6c 顯示錯位的例子。圖 6a 中，氣泡直徑為 1.9 公釐，錯位的範圍極為有限，約涵蓋了六個氣泡的範圍。圖 6b 中（直徑為 0.76 公釐），錯位範圍延伸至約十二個氣泡，圖 6c 中（直徑為 0.30 公釐），錯位的影響範圍更延伸至約五十個氣泡。由於小型氣泡較為缺乏彈性，因此錯位範圍延伸較遠。但是，對氣泡組織所做的研究發現，對給定的氣泡直徑，並無所謂標準的錯位範圍。範圍大小，視晶體所受的應變而定。當兩個晶體的對應晶軸成大約 30 度夾角時（這是可容許發生的最大角度），晶體之間的邊界可視為一系列之錯位，每隔一列就會出現錯位，而且在此例中，這些錯位長度非常的短。當兩相鄰晶體的夾角減少，錯位便以較寬之間隔發生，且每一錯位的長度亦會增加。最終，在一完美大晶體內，遂只剩下了單一錯位，如圖 6a、6b 及 6c 所示。

　　圖 7 顯示了三個彼此平行的錯位。若我們（根據泰勒的定義）以正性及負性稱之，則由左至右依序為正、負、正。後兩者之間的帶狀區域，多出了三個氣泡，這可由水平方向檢視該排列而看出。圖 8 顯示由粒界處所延伸出來的錯位，這個效應經常被觀察到。

　　圖 9 顯示在某一氣泡位置上，填塞了兩顆氣泡。這可視為正、負錯位彼此相鄰的極限情況。而且，這兩個錯位的受壓縮側邊，以面對面的方式相鄰接。若鄰接方式相反，則將在結構裡形成一空洞，也就是在兩錯位交會處，將有一氣泡由位置上消失。

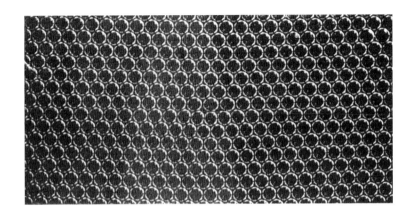

<u>圖6*a*</u> 錯位情形。氣泡直徑為1.9公釐。

<u>圖6*b*</u> 錯位情形。氣泡直徑為0.76公釐。

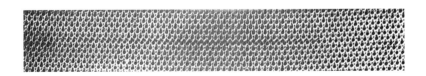

<u>圖6*c*</u> 錯位情形。氣泡直徑為0.30公釐。

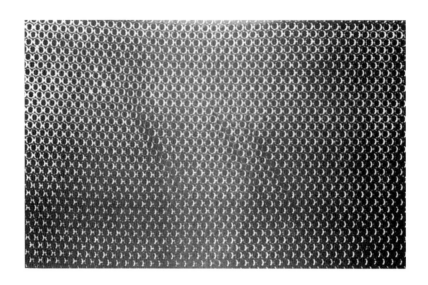

圖7 彼此平行的錯位。氣泡直徑為 0.76 公釐。

圖8 由粒界處所延伸出來的錯位。氣泡直徑為 0.30 公釐。

圖9 彼此相鄰之錯位。氣泡直徑為 1.9 公釐。

5. 其他形式的缺陷

圖10顯示晶軸方向平行的兩晶粒,其間存在一狹長區域。此區域有數條缺陷線通過,造成該處的堆積不夠緊密。再結晶的過程,便是在這類區域裡進行的。邊界靠過來,此區域被吸收進區域較大的完美結晶體之中。

圖11a至11g顯示,當一處的氣泡不足時,氣泡會形成怎樣排列的例子。其中的黑線對應於錯位。可由圖看出,該類結構呈現V字形或三角形。圖11a中,就可看到一典型的V形結構。當該模型

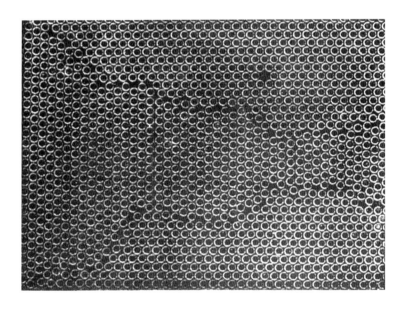

圖10 晶軸方向平行的兩晶粒,其間存在一狹長區域,此區域有數條缺陷線通過。氣泡直徑為0.30公釐。

氣泡直徑為 0.68 公釐

a

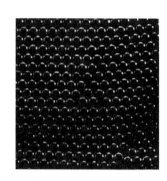

氣泡直徑為 0.68 公釐

b

氣泡直徑為 0.60 公釐

c

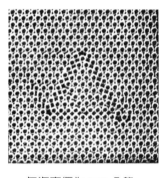

氣泡直徑為 0.30 公釐

d

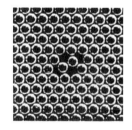

氣泡直徑為 0.60 公釐

e

氣泡直徑為 0.60 公釐

f

圖 11 缺陷類型

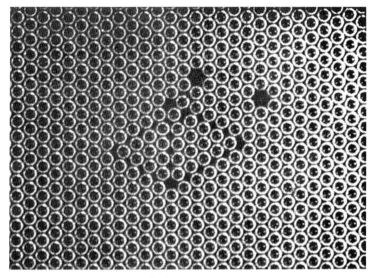

氣泡直徑為 0.68 公釐

g

<u>（續）圖 11</u>　缺陷類型

　　氣泡組織被略微施力扭曲時，兩條錯位線會以夾角 60 度相交，形成 V 形結構；若錯位沿著原路線前進，便會破壞該結構。圖 11*b* 顯示一小三角區域的存在，它亦含有一錯位，因為在此缺陷下方，每一排氣泡都比下一排多了一個氣泡。若在晶體的一端輕微的擾動，如同「熱運動」一般，則這類的缺陷便會消失，而形成完美的晶體。

　　晶體內，不時會有某處出現氣泡空位，看來如同黑點一般。圖 11*g* 中便有這樣的現象。這些空隙無法以局部調整的方式修補。因為當某空洞被填充之後，則將造成別處出現新的空洞。當晶體經過「冷加工」的程序時，這些空洞便會由某處消失，而在他處出現。

　　這些氣泡模型下看到的結構，暗示類似的局部缺陷亦可能在實

際金屬中存在。它們或許在下列過程中，藉由減少其周遭能量障壁，而扮演某些角色，這些過程包含擴散、或是有序 — 無序變化、或是在同素異形變化過程裡充當結晶的凝結核。

6. 再結晶與退火

　　圖 12*a* 至 12*e* 顯示某泡筏的時間序列變化。覆蓋於溶液表面上的泡筏，用玻璃耙大力攪拌之後，讓它自我調整。圖 12*a* 顯示在攪拌停止後約 1 秒時的外貌。完整泡筏碎裂成許多小「晶粒」；這些晶粒處於高度不均勻的應變狀態下，這種狀態之存在，可由大量錯位及其他類型缺陷的呈現而得知。下一張照片（圖 12*b*）顯示在 32 秒後的情形。小型晶粒已合併成較大晶粒，且所含應變的強弱程度也隨之減低。隨著整個時間序列，表現出再結晶的行為，而最後三張照片顯示泡筏在攪拌停止後 2、14 及 25 分鐘時的情形。我們無法對再組合的過程做時間更長久的追蹤，因為氣泡經過長久時間之後便會萎縮。顯然的，這是因為空氣會經過泡膜擴散，而且氣泡本身亦因泡膜變薄而易破掉。以上過程裡，我們並未給予擾動。這個過程比熱擾動還要緩慢，一個區域的氣泡移動造成了應力，引致鄰近區域的氣泡排列產生重整，而此重整又引發下一個區域進行再結晶……等等。

　　這個時間序列表現了幾個有趣之處。注意到圖中以 *AA*、*BB*、*CC* 座標所標示出的三個小晶粒。*A* 晶粒在整個序列演進中持續存在，雖然它的外貌或有變化。*B* 晶粒在 14 分鐘後雖仍存在，但在 25 分鐘後卻消失不見，留下了四條錯位線，顯示晶體內部存在的應力。*C* 晶粒則萎縮，最後在圖 12*d* 中消失不見，只剩下一空洞及 V 形結構，而此結構在圖 12*e* 亦消失了。同時，在圖 12*d* 座標 *DD* 處

a. 剛剛攪拌之後

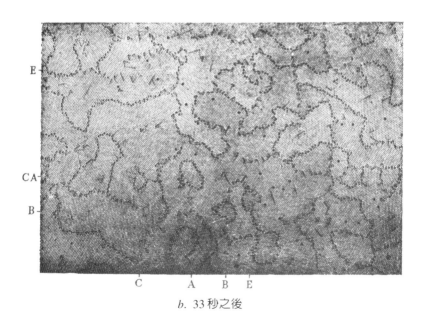

b. 33秒之後

圖12 再結晶。氣泡直徑為0.60公釐。

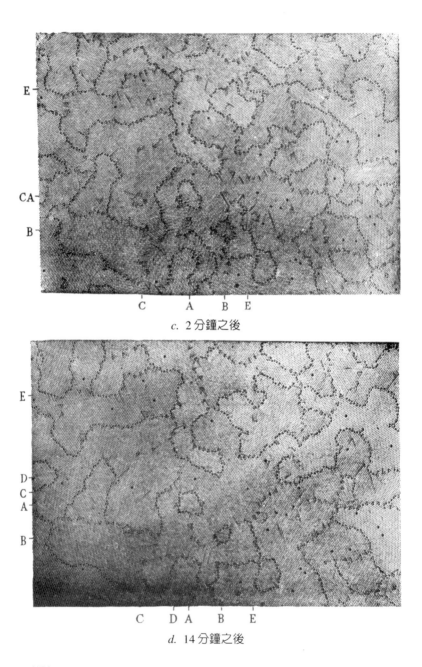

c. 2 分鐘之後

d. 14 分鐘之後

(續)圖 12

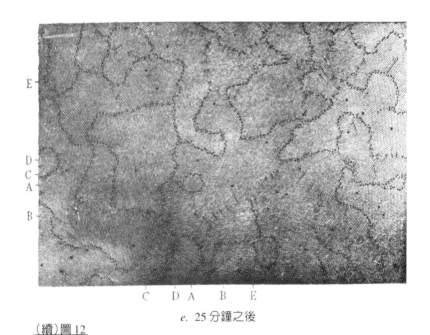

e. 25分鐘之後

（續）圖12

仍未完全成形的粒界，在圖12*e*中則可說是完全成形了。圖12*b*至
12*e*中，座標*EE*附近有一條粒界，請注意它如何在再結晶過程中逐
漸拉直。另外也呈現了各種長度的錯位，有略微凹入的結構，直至
界限明顯者，均可看到。空洞則以黑點呈現。某些空洞會因錯位的
移動而產生或受到修補，另有一些空洞，則因氣泡破裂而形成。亦
有多處顯示出 V 形及三角形結構。若仔細審視這系列的圖片，尚可
發現其他有趣的點。

　　圖13*a*、13*b*及13*c*顯示了泡伐某個區域在攪拌後1秒、4秒
及4分鐘的情形，很有趣的是，它們顯示了晶格弛豫（relax）到較
整齊結構時的兩個相接步驟。當我們由傾斜方向檢視圖片時，便可
很清楚看到結構改變。圖13*a*中，整體排列是斷斷續續的。圖13*b*

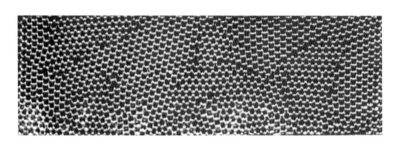

a. 1秒之後

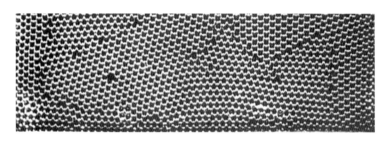

b. 4秒之後

A

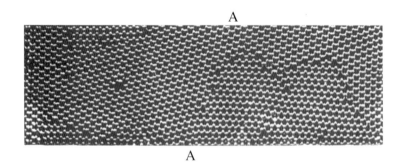

A

c. 4分鐘之後

圖13　再結晶的兩個步驟。氣泡直徑為 1.64 公釐。

中，則可看到氣泡已組織成列，但由這些排列的彎曲程度，可看出
內部存在有相當程度的應力。圖13*c*中則可看到，由於在*A-A*處形
成了新的邊界，此應力已被釋放，而在邊界兩側的排列變得相當平
整。由此看來，含有應力的晶體，其能量高於晶粒間邊界所含能
量。我們要感謝柯達（Kodak）先生協助圖13的攝影，這些照片是
以底下所提到的電影軟片所拍攝洗出來的。

7. 雜質原子的效應

　　圖14顯示大小與其他晶體氣泡不同的氣泡，當在晶體之內
時，能產生的影響範圍分布極廣。若將此圖與圖2及圖4的完美泡

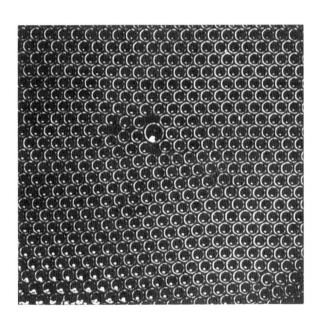

圖14　雜質原子的效應。均勻氣泡的直徑約為1.3公釐。

筏比較，可以看出，該圖含有較正常氣泡爲大的一個氣泡，以及兩個較小的氣泡，而這三個氣泡干擾了排列的規則性，且影響遍及全圖。如前面所提，這類大小不合的氣泡，常見於粒界上，因爲該處有大小不等的空洞可以容納它們。

8. 二維氣泡模型的力學性質

　　二維完美泡筏的力學性質，已在前面提及的論文（Bragg 1942*b*）中描述過。讓泡筏處於兩平行彈簧之間，彈簧則是水平浸在肥皂溶液裡。彈簧線圈的間距調整成與氣泡行列之間隔相同，這使得氣泡容易附著於彈簧之上。其中一個彈簧可以用測微螺旋控制，使其做左右平移，而另一彈簧，則以兩根垂直的玻璃纖維支撐。藉由玻璃纖維的偏移，即可量測所施之切應力。在切應變之下，泡筏遵守虎克彈性定律，直到應力超過彈性極限爲止。之後，泡筏便會沿著某中央位置之行列產生滑移，滑移距離等於一個氣泡的寬度。彈性切變與滑移會重複出現數次。當晶體的一側受到切力拉扯，滑移過另一側有一個氣泡寬度的距離時，便大約到達了彈性極限。這個觀察，支持我們從前在金屬彈性極限計算裡所做的基本假設（Bragg 1942*a*）。這個計算裡，我們假設，都只在內部形變彈性能量已到達這樣的數值時，冷加工處理過的金屬的每一個晶粒才會透過滑移，將能量釋放掉。

　　尼可森（M. M. Nicolson）已對氣泡之間的作用力做了計算，不久即將發表。有兩點有趣的結果。位能隨兩中心距離變化的曲線，與原子間的位能曲線非常類似。當兩中心間的距離，略低於一自由氣泡的直徑時，位能值爲最小，而後隨距離縮小，位能急速上升。另外，對於直徑爲 0.1 公釐的氣泡來說，上升的趨勢非常陡峭，但

對 1 公釐的氣泡而言，則上升趨勢緩和許多，這支持我們之前所談，小型氣泡較大氣泡堅韌。

9. 三維堆積

若容許氣泡在液面上形成多層堆積，它們便構成了三維「晶體」，而且為某種形式的緊密堆積。圖 15 便是由傾斜角度俯視此晶體；值得注意的，是此結構與磨光蝕刻過的金屬表面極為相似。圖 16 則顯示一相似結構的垂直俯視圖。可確定其中有部分區域呈立方最密堆積，而表面則為（111）或（100）面。圖 17a 顯示（111）面。最上層的每個氣泡，在座落處的正下方，有三個支撐氣泡，這些支撐氣泡形成的三角形，外形在圖中可清楚見到。而第三層氣泡的位置，也可依稀看出並非位於第一層氣泡的正下方，這顯示此處（111）晶格面的排列方式，遵守人們所熟知的立方緊密堆積的次

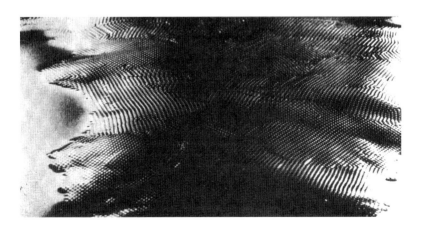

圖15　由傾斜角度俯視三維泡筏

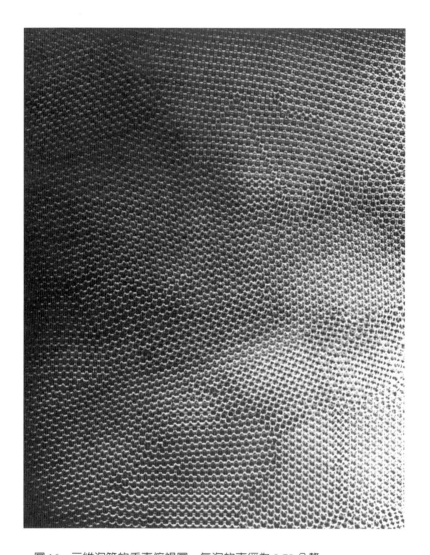

<u>圖16</u> 三維泡筏的垂直俯視圖。氣泡的直徑為 0.70 公釐。

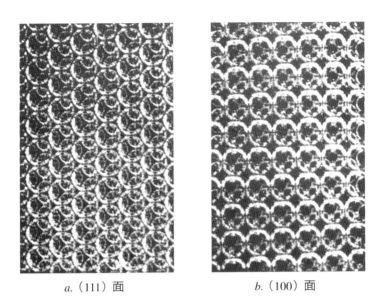

a. （111）面　　　　　　　　b. （100）面

面心立方結構

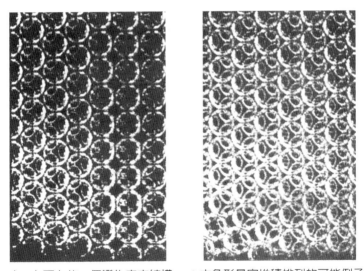

c. （111）面上的一個孿生立方結構　d. 六角形最密堆積排列的可能例子

氣泡直徑為 0.70 公釐

圖 17

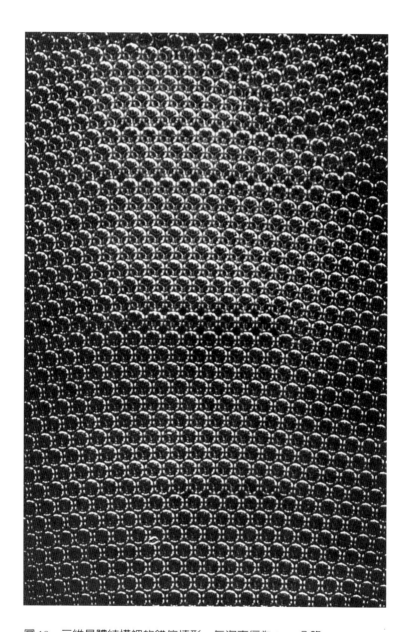

圖18　三維晶體結構裡的錯位情形。氣泡直徑為 0.70 公釐。

序。圖 17*b* 顯示出（100）面，每一個氣泡座落於四個氣泡的上方。此處立方體的晶軸，當然與表面氣泡層的緊密堆積行列形成 45 度角。圖 17*c* 顯示（111）面上的一個孿生結構。其最上層平面為（111）與（100），這兩者之間的夾角很小，但無法在本圖中顯示清楚，必須由傾斜方向才能看出。圖 17*d* 似乎同時顯示了立方與六角形最密堆積的排列，但因為我們仍不確定此處之堆積厚度是否超過兩層，故很難確認。左側的結構確實遵循六角形最密堆積的排列方式，孿生結構與晶粒間邊界的許多例子，都可在圖 16 中見到。

圖 18 顯示在彎應變之下，三維晶體結構裡的錯位情形。

10. 模型的呈現

由於柯達先生的協助，我們將單晶或多晶泡伐在受切力、壓縮或展延力之下錯位與粒界的移動情形，以 16 公釐的電影膠捲拍了下來。另外，若肥皂溶液放在平底的玻璃容器裡，則可以光透射方式，將氣泡模型投影在大銀幕上。由於溶液需要夠深，才能產生氣泡，且溶液相當不透明，因此必須使投影光線經過放置於容器底部且恰好浸在液面下的一塊玻璃。

最後，我們要感謝劍橋大學國王學院的哈若德（*C. E. Harrold*）先生，他幫忙製作了製造氣泡的吹管。

參考文獻

Bragg, W. L. 1942*a*, Nature, **149**, 511.

Bragg, W. L. 1942*b*, J. Sci. Instrum. **19**, 148.

Taylor, G. I. 1934, Proc. Roy. Soc. A, **145**, 362.

第31章 | 張 量

31-1 極化張量

　　物理學家傾向於擷取任何現象裡的最單純例子，並稱之爲「物理」，而將此現象裡較爲複雜的例子，留給其他的領域去煩惱，例如應用數學、化學或晶體學等領域。甚至連固態物理學都只算半門物理學，因它花不少力氣在探討特殊材料。以此之故，在此我們將略過許多有趣的題材。舉例而言，晶體，或者說大部分物質的重要特性之一，便是其電極化率在不同方向的殊異性。若你在某個方向外加電場，則原子電荷會微幅移動，產生偶極矩，而其大小則與電場的方向極爲相關。因此，這是很複雜的現象。但在物理裡，我們常由簡單的特例開始，只討論均向性的極化率，使得事情較爲單純、容易。我們把較複雜的情形留給其他領域。所以，這章所要談的，在後面的章節裡並不必然會用到。

　　張量的數學是極有用的，尤其是當我們要描述隨著方向而改變的物質性質時，但這只是它的用處之一。因爲你們當中，大多數人並不是要成爲物理學家，而是要進入**真實**的世界，遲早定然需要使用張量，來描述這世界裡諸般和方向極爲相關的性質。

　　爲免遺漏要點，我們就先描述張量，但並非巨細靡遺，我們只想讓你覺得我們的物理教學是完整的。例如，我們的電動力學很完整，如同任何電磁學課程，本書即使與研究所的課程相比，亦不遜色。我們的力學則不然，因爲我們編排的力學課程，並不假設你具有高度成熟的數學背景，所以我們無法討論最小作用量原理、拉格

請複習：第 I 卷第 11 章〈向量〉與第 20 章〈空間中的轉動〉。

朗日函數、或哈密頓算符等等，即使那些才是**更凝練、漂亮**的描述
力學之方式。但話說回來，除了廣義相對論，我們的確已包含了完
整的力學**定律**。我們的電學與磁學也是完整的，連同其他的許多物
理學分支也是一樣。量子力學則尚未提及，那將在未來談到。但
是，至少你需要知道張量是什麼。

在第 30 章，我們強調過，晶體物質的性質和方向有關，我們
稱之爲**異向性**。感應而生的電偶極矩，會隨外加電場的方向而改
變，即是一個這樣的例子。這個例子將用於張量的討論。我們假
定，對於一選定的方向，單位體積裡感應的電偶極矩，稱之爲 P，
和所加電場 E 的強度成正比。（當 E 不甚大時，這個敘述對許多物
質而言，都是很好的近似。）我們稱這個比例常數爲 α。★ 我們將
要考慮如同方解石這類的物質，其 α 與所施加的場的方向有關。當
你透過方解石觀看東西時，會看到雙影像。

假定，對某一特定晶體，我們發現在 x 方向的電場 E_1，產生沿
x 方向的極化強度 P_1。同理，在 y 方向發現電場 E_2，**強度**與 E_1 一
樣，產生沿 y 方向的極化強度 P_2。當電場爲沿 45 度方向時，情況
將會如何？其實，這可視爲兩個分別沿著 x 方向及 y 方向的電場之
疊加，因此所造成之極化強度 P，爲 P_1 及 P_2 向量的相加，如圖 31-
1(a) 所示。極化強度不再和電場同向了。而這原因可瞭解如下。因
爲本例中的電荷，在垂直方向的運動較爲容易，而在水平方向則較
爲困難。當力的方向是沿 45 度角時，電荷往上移動的量要多於橫

★原注：在第 10 章，我們遵循慣例，寫爲 $P = \epsilon_0 \chi E$，而稱 χ
（唸做 khi）爲「極化率」。此處，我們以一個字母 α 取代 $\epsilon_0 \chi$，
較爲方便。對均向性介電質而言，$\alpha = (\kappa - 1)\epsilon_0$，而 κ 爲介
電常數（見第 10-4 節）。

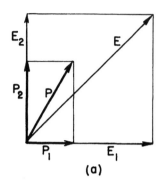 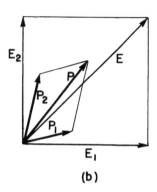

圖 31-1　異向性晶體中，極化強度的相加。

向。結果，最終的位移就不與外力同向了，這是因為內部的彈力並非對稱的緣故。

　　當然，45 度的情況並非特殊的例子。**一般而言**，感應產生的晶體極化強度，與電場是異向的。前面例子裡，我們湊巧選取了 x 軸與 y 軸，正好使得在這兩方向的極化強度與電場是同向的。若相對於座標軸，將晶體做一旋轉，則沿著 y 方向的電場 E_2，將會產生一極化強度 P，是具有 x 分量及 y 分量的。同理，沿著 x 方向的電場也會產生一極化強度，是具有 x 分量及 y 分量的。則整個極化情形將會是如圖 31-1(b) 所示，而非 (a)。現在，情況較為複雜了，但是對任意電場 E 來說，P 的**大小**仍與 E 的大小成正比。

　　我們現在要處理一般的情況，當晶體的方向，相對於座標軸，是在任意方向上。在 x 方向的電場將會產生極化強度 P，這個極化強度具有 x、y 及 z 分量。我們可寫為

$$P_x = \alpha_{xx}E_x, \qquad P_y = \alpha_{yx}E_x, \qquad P_z = \alpha_{zx}E_x \qquad (31.1)$$

以上所表示的是，當電場沿著 x 方向，極化強度未必也沿同一方向，而可有 x、y 及 z 分量——每個分量均與 E_x 成正比。我們將這些比例常數分別稱為 α_{xx}、α_{yx} 及 α_{zx}。（第一個下標表示 P 的分量，第二個下標表示電場方向。）

同樣的，對於沿著 y 方向的電場，我們可寫出

$$P_x = \alpha_{xy}E_y, \qquad P_y = \alpha_{yy}E_y, \qquad P_z = \alpha_{zy}E_y \qquad (31.2)$$

而對於 z 方向的電場，

$$P_x = \alpha_{xz}E_z, \qquad P_y = \alpha_{yz}E_z, \qquad P_z = \alpha_{zz}E_z \qquad (31.3)$$

我們說過，極化強度與電場的關係是線性的。因此，若電場 E 同時具有 x 分量與 y 分量，則所造成的極化強度 P，其 x 分量會是 (31.1) 與 (31.2) 式中兩個 P_x 的和。同理，若 E 具有 x、y 及 z 分量，則所造成的極化強度 P，其分量會是 (31.1)、(31.2) 及 (31.3) 式三個對應分量的和。換言之，P 由下式決定：

$$
\begin{aligned}
P_x &= \alpha_{xx}E_x + \alpha_{xy}E_y + \alpha_{xz}E_z \\
P_y &= \alpha_{yx}E_x + \alpha_{yy}E_y + \alpha_{yz}E_z \\
P_z &= \alpha_{zx}E_x + \alpha_{zy}E_y + \alpha_{zz}E_z
\end{aligned}
\qquad (31.4)
$$

如此一來，晶體的介電行為就完全由這九個量 (α_{xx}, α_{xy}, α_{xz}, α_{yz}, ……) 所決定。我們可以用符號 α_{ij} 來表示。（下標 i 及 j，分別代表 x、y、z 這三個可能的字母中之一。）一個任意電場 E 定可分解為 E_x、E_y、E_z 三個分量，再據此使用 α_{ij} 來找出 P_x、P_y、P_z，便得到了全部的極化強度 P。這九個係數 α_{ij} 集合一塊兒，便稱為**張量**，此處的例子，即為**極化張量**。如同我們說 (E_x, E_y, E_z) 這三個數「形成向量 E」，我們說 (α_{xx}, α_{xy}, ……) 九個數「形成張量 α_{ij}」。

31-2 張量分量的轉換

如你所知，當我們使用一不同的座標系 x'、y' 及 z'，同一向量的 $E_{x'}$、$E_{y'}$ 及 $E_{z'}$ 分量會變得不同——同理，P 的**分量**也是如此。因此，係數 α_{ij} 在不同之座標系下也會改變。實際上，只要你注意到 E 和 P 如何變化，便可得出這些 α 該如何改變。畢竟，在新座標下，當我們正確的描述**同一個物理上**的電場時，我們應得到相同的極化強度。對於一組新座標，$P_{x'}$ 是 P_x、P_y 及 P_z 的線性組合：

$$P_{x'} = aP_x + bP_y + cP_z$$

同理，其餘的分量也是如此。再用 (31.4) 式，將 P_x、P_y 及 P_z 以電場表出，代入上式，得到

$$
\begin{aligned}
P_{x'} = &\, a(\alpha_{xx}E_x + \alpha_{xy}E_y + \alpha_{xz}E_z) \\
&+ b(\alpha_{yx}E_x + \alpha_{yy}E_y + \cdots) \\
&+ c(\alpha_{zx}E_x + \cdots + \cdots)
\end{aligned}
$$

再將 E_x、E_y、E_z 以 $E_{x'}$、$E_{y'}$、$E_{z'}$ 表出；例如，

$$E_x = a'E_{x'} + b'E_{y'} + c'E_{z'}$$

此處，a'、b'、c' 係由 a、b、c 決定。至此，你就得到 $P_{x'}$，且是以分量 $E_{x'}$、$E_{y'}$ 及 $E_{z'}$ 所表出；也就是說，你得出了新的 α_{ij}。雖然有些麻煩，但過程是明白了然的。

當我們講變換座標軸時，是假設晶體的**空間位置不做改變**。若晶體**隨著**座標軸一起轉動，則這些 α 將不改變。反之，若晶體方向，相對於座標軸，產生了改變，則我們將會有新的一組 α 值。若

對於任一給定的晶體方向，這組 α 值為已知，則對於其他任意的晶格方向，我們便可以前面所討論的轉換，得出對應的 α 值。換言之，可任意選定一組座標軸，給定對應的極化張量所有之分量 α_{ij}，這就**完整的**描述了晶體的介電性質了。這就如同我們以向量速度 $v = (v_x, v_y, v_z)$ 來描述一個粒子的運動，當座標軸改變時，這三個分量會以某一確定方式做改變。同樣的道理適用於極化張量。我們以極化張量的九個分量 α_{ij} 來描述晶體的介電特性，而當座標軸改變時，這九個分量也會以某一確定方式做改變。

P 與 E 之間的關係，如(31.4)式所示，可用如下更簡潔的方式來描述：

$$P_i = \sum_j \alpha_{ij} E_j \tag{31.5}$$

此處，i 代表 x、y 或 z 三者之一，而計算總和時，$j = x$、y 及 z。為了處理張量，發明了許多特殊的記號，但每種記號，只在處理某類問題時，具有其方便性。一個常見慣用的寫法是，省略 (31.5) 式中的求和記號（Σ），而**約定好**，任何時候，只要式子裡的某個下標（此處為 j）重複出現兩次，則對此下標來計算總和。因為我們不會用到很多的張量，我們將不理睬這些特殊的記法或習慣。

31-3 能量橢球

我們現在想獲得張量的一些使用經驗。讓我們問如下的問題：需要多少的能量，才能將晶體極化（不計電場本身的能量，即每單位體積 $\epsilon_0 E^2/2$ 的電能）？暫且先考慮已被移動的原子電荷。將電荷移動 dx 距離所做的功為 $qE_x\, dx$，而若每單位體積內有 N 個電荷，

則所做的功為 $qE_xN\ dx$。其中，$qN\ dx$ 為每單位體積裡的電偶極矩的變化量 dP_x。因此，**每單位體積**所做的功為

$$E_x\ dP_x$$

將電場三個分量所做之功相加，則每單位體積做的功為

$$E \cdot dP$$

因為 P 的大小正比於 E，且在每單位體積內，將極化強度由 0 增加為 P，所需做的功為 $E \cdot dP$ 的積分。我們把所做的功，稱為 u_P★，它等於

$$u_P = \tfrac{1}{2}E \cdot P = \tfrac{1}{2}\sum_i E_iP_i \tag{31.6}$$

現在，藉由 (31.5) 式將 P 以 E 表出，則我們有

$$u_P = \tfrac{1}{2}\sum_i\sum_j \alpha_{ij}E_iE_j \tag{31.7}$$

能量密度 u_P 的數值與座標軸的選取無關，所以它是純量。張量具有如下的性質：當它（和一個向量相乘而）對一個下標作累加時，其答案為一個向量；而當它（和**兩個**向量相乘而）對**兩個**下標來作累加時，其答案為一純量。

此處的張量 α_{ij}，其實應稱為「二階張量」，因它含有兩個下標。向量只具有**一個**下標，屬於一階張量，而純量不具任何下標，屬於零階張量。所以我們說，電場 E 為一階張量，而能量密度 u_P

★原注：此為電場在**誘發**極化強度時所做的功，請勿誤解為永久偶極矩 p_0 在電場中的位能 $-p_0 \cdot E$。

為零階張量。張量的概念可推廣到三個或更多的下標,即會給出高於二階的張量。

極化張量的下標,其可能之值有三個,因為這是個三維的張量。數學家也考慮在四維、五維、或更高維度空間的張量。在第26章中,當我們以相對論的觀點描述電磁場時,我們也曾用到四維張量 $F_{\mu\nu}$。

極化張量 α_{ij} 具有一項有趣性質——它是**對稱的**,也就是說,$\alpha_{xy} = \alpha_{yx}$,而且任何一對下標都是如此。(這可歸之於它是眞實晶體的**物理**性質,因此並非所有張量都是如此。)你可以用下列方法來證明這項有趣的性質。計算在下列循環中,晶體的能量變化:(1) 先將 x 方向的電場打開;(2) 其次,將 y 方向的電場打開;(3) **關掉** x 方向的電場;(4) 再關掉 y 方向的電場。一個循環之後,晶體回到了起始狀態。對應的,在極化上頭所做的功也應歸零。欲使前敘述成立,你可證明 α_{xy} 必須等於 α_{yx}。同樣的證明當然也可應用在 α_{xz} 等。所以,極化張量必然是對稱的。

這也意謂著,我們可藉由測量不同方向上使晶體極化所需的能量,而獲得極化張量。假設我們外加一個電場 E,使其僅具有 x 及 y 分量;則根據(31.7)式,

$$u_P = \tfrac{1}{2}\,[\alpha_{xx}E_x^2 + (\alpha_{xy} + \alpha_{yx})E_xE_y + \alpha_{yy}E_y^2] \qquad (31.8)$$

若只有 E_x 分量,則我們可決定 α_{xx};只具有 E_y 分量,我們可決定 α_{yy};若 E_x 與 E_y 兩者都有,則我們得到一額外能量,即其中含有 $(\alpha_{xy} + \alpha_{yx})$ 的項。因為 α_{xy} 和 α_{yx} 相等,這一項即等於 $2\alpha_{xy}$,而可由能量測量決定。

(31.8) 這個能量式有很好的幾何解釋。我們設想一**給定的**能量密度,好比說 u_0,而問對應的電場 E_x 與 E_y。這就等於在解下列的

數學問題：

$$\alpha_{xx}E_x^2 + 2\alpha_{xy}E_xE_y + \alpha_{yy}E_y^2 = 2u_0$$

這是一個二次方程式，因而，若我們將這方程式所有的 E_x、E_y 解畫在平面上，即構成了圖 31-2 的橢圓。（這一定是個橢圓，而非拋物線或雙曲線，因為對任何電場而言，極化的能量永遠為正值。）由原點連到橢圓上的一點即為向量 E，其分量為 E_x 與 E_y。所以，這個「能量橢圓」是一個「目視」極化張量的好法子。

我們現在將以上所述，推廣至三個分量的情形，則對於一單位的能量密度，**任一**方向上的對應電場向量 E 將落在一個橢球的表面上，如圖 31-3 所示。此橢球的形狀便完全決定了極化張量。

實際上，橢球有一良好的性質，就是這個橢球可由三個「主軸」的方向，以及這些方向上的橢球直徑來簡易描述。這些主軸的所在方向就是，最長與最短的直徑的方向，以及與這兩個直徑垂直的方

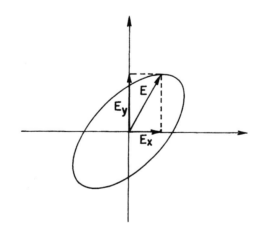

圖 31-2　極化能量為定值的向量 $E = (E_x, E_y)$ 所形成的軌跡

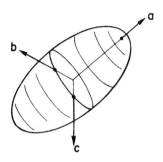

<u>圖 31-3</u> 極化張量的能量橢球

向。如圖 31-3 中所標示的 a、b 及 c。使用這些主軸爲座標軸，橢球的方程式變得很簡單：

$$\alpha_{aa}E_a^2 + \alpha_{bb}E_b^2 + \alpha_{cc}E_c^2 = 2u_0$$

所以，相對於這些主軸，介電張量只有三個分量不爲零：α_{aa}、α_{bb} 及 α_{cc}。也就是說，無論晶體如何複雜，總是能找到一組座標軸（不必然是晶軸），使得對應的極化張量只有三個分量。相對於這組座標軸，(31.4) 式簡化爲

$$P_a = \alpha_{aa}E_a, \qquad P_b = \alpha_{bb}E_b, \qquad P_c = \alpha_{cc}E_c \qquad (31.9)$$

當電場是沿其中一軸的方向時，所誘發的極化強度也會平行於同一方向。但這三個方向對應的比例常數，則可以不同。

通常，張量的記法是將其九個分量表列於一對括號中：

$$\begin{bmatrix} \alpha_{xx} & \alpha_{xy} & \alpha_{xz} \\ \alpha_{yx} & \alpha_{yy} & \alpha_{yz} \\ \alpha_{zx} & \alpha_{zy} & \alpha_{zz} \end{bmatrix} \qquad (31.10)$$

使用 a、b、c 主軸時，則僅有對角線上的分量不爲零；我們會說「這個張量被對角化了」。全部寫出，則爲

$$\begin{bmatrix} \alpha_{aa} & 0 & 0 \\ 0 & \alpha_{bb} & 0 \\ 0 & 0 & \alpha_{cc} \end{bmatrix} \tag{31.11}$$

重點是，任何的極化張量（事實上，任何維度下，**任何對稱的**二階向量均適用），都可藉由選取一組適當的座標軸，而簡化爲對角的形式。

　　若對角形式下的極化張量，其三個元素均相等，也就說，如果

$$\alpha_{aa} = \alpha_{bb} = \alpha_{cc} = \alpha \tag{31.12}$$

則張量橢球便成爲圓球，且極化率在所有方向上均會相等。材料即有均向性。以張量符號來寫，

$$\alpha_{ij} = \alpha \delta_{ij} \tag{31.13}$$

此處，δ_{ij} 爲**單位張量**

$$\delta_{ij} = \begin{bmatrix} 1 & 0 & 0 \\ 0 & 1 & 0 \\ 0 & 0 & 1 \end{bmatrix} \tag{31.14}$$

這當然是說

$$\begin{aligned} \delta_{ij} &= 1, \quad 如果 \quad i = j \\ \delta_{ij} &= 0, \quad 如果 \quad i \neq j \end{aligned} \tag{31.15}$$

張量 δ_{ij} 一般稱爲「克氏尋同符號」（Kronecker delta）。你可以很容易

的證明，(31.14) 式的張量在座標轉換下不變。(31.13) 式的極化張量給出

$$P_i = \alpha \sum_j \delta_{ij} E_j = \alpha E_i$$

此相當於我們在均向介電材料的舊式子

$$\boldsymbol{P} = \alpha \boldsymbol{E}$$

　　極化橢球的形狀和方向，有時可歸之於是和晶體的對稱性有關。在第 30 章，我們談過，三維晶格可有 230 種不同的內在對稱性，而且這些對稱可根據單位晶胞的形狀，分為七大類。極化橢球必然也分享晶體的內在對稱性。例如，三斜晶體的對稱性低，其極化橢球的三軸必不均等，且不與晶軸重合。然而，單斜晶體的特性則是，當圍繞某一軸做 180 度旋轉時，晶體性質並不改變。因此，極化張量在此旋轉下，也應回歸到原狀。意謂著極化橢球在這 180 度旋轉下不變。這個結果能成立的條件是，橢球的主軸之一必須和晶體的對稱軸重合。除此之外，橢球的方向及大小並不受任何限制。

　　對一正交晶體而言，橢球的三個主軸，必然和三個晶軸重合，這是因為對於任一軸所做的 180 度旋轉，都必須回歸到原晶格。若考慮四方晶體，則其橢球擁有與此晶體相同的對稱性，即其中兩主軸的直徑長度必然相等。最後，對立方晶體而言，其橢球的三個主軸直徑均等；此球變成一圓球體，同時，晶體的極化率在各個方向均相等。

　　要對於所有不同對稱性之晶體，分析所有的張量，是極複雜的工作。這個工作稱為「群論」分析。相對來說，極化張量是較簡單的例子，較易看出對稱性與張量之間的關係。

31-4 其他張量；慣性張量

物理上有許多其他的張量例子。例如，在金屬，或任何導體裡，我們常發現電流密度 j 大約和電場 E 成正此；其比例常數稱為導電係數 σ：

$$j = \sigma E$$

對晶體而言，j 和 E 之間的關係較為複雜；導電係數在各方向未必相等。導電係數本質上為一張量，即

$$j_i = \sum \sigma_{ij} E_j$$

另一個物理張量的例子為轉動慣量。在第 I 卷第 18 章，我們談過，圍繞一固定軸旋轉的固體，其角動量 L 與角速度 ω 成正比，而我們稱其比例因子 I 為轉動慣量：

$$L = I\omega$$

對於任意形狀的物體，其轉動慣量係由該物體相對於旋轉軸的方向所決定。例如，矩形物體的三個正交軸所對應的轉動慣量均不等。角速度 ω 及角動量 L 兩者都是向量。若旋轉軸為對稱軸之一，則 ω 與 L 平行。但若轉動慣量的值隨三個主軸而有變化，則一般情況下，ω 與 L 並不平行（見圖 31-4）。它們之間的關係就如 E 及 P。一般而言，我們有

$$
\begin{aligned}
L_x &= I_{xx}\omega_x + I_{xy}\omega_y + I_{xz}\omega_z \\
L_y &= I_{yx}\omega_x + I_{yy}\omega_y + I_{yz}\omega_z \\
L_z &= I_{zx}\omega_x + I_{zy}\omega_y + I_{zz}\omega_z
\end{aligned}
\tag{31.16}
$$

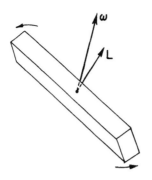

圖 31-4 一物體的角動量 L，在一般情形下，和角速度 $\boldsymbol{\omega}$ 並非平行。

這九個係數 I_{ij} 即稱爲慣性張量。應用極化張量的類比，對應任意角動量，其動能必然是 ω_x、ω_y 及 ω_z 的二次式：

$$動能 = \tfrac{1}{2} \sum_{ij} I_{ij}\omega_i\omega_j \tag{31.17}$$

我們可用此能量來定出對應的能量橢球。同時，能量的考量也可用來證明這張量是對稱的——即 $I_{ij} = I_{ji}$。

剛體的慣性張量是由該物體的形狀決定，我們只需寫下物體內所有粒子的總動能。一個質量 m、速度 v 的粒子，其動能爲 $\tfrac{1}{2}mv^2$，而總動能爲包含物體內所有粒子的總和

$$\sum \tfrac{1}{2}mv^2$$

每一個粒子的速度 v 是由物體角速度 $\boldsymbol{\omega}$ 決定。我們假設物體是圍繞其質心旋轉，而且質心爲靜止狀態。若令 r 爲質心到一質點的位置向量，則此質點速度 v 爲 $\boldsymbol{\omega} \times r$。故總動能爲

$$動能 = \sum \tfrac{1}{2}m(\boldsymbol{\omega} \times r)^2 \tag{31.18}$$

我們現在所需做的，便是將 $\boldsymbol{\omega} \times \boldsymbol{r}$ 用分量 ω_x、ω_y、ω_z 及 x、y、z 寫出，並與 (31.17) 式比較；由對應項，我們可得 I_{ij}。經過代數演算，我們有

$$
\begin{aligned}
(\boldsymbol{\omega} \times \boldsymbol{r})^2 &= (\boldsymbol{\omega} \times \boldsymbol{r})_x^2 + (\boldsymbol{\omega} \times \boldsymbol{r})_y^2 + (\boldsymbol{\omega} \times \boldsymbol{r})_z^2 \\
&= (\omega_y z - \omega_z y)^2 + (\omega_z x - \omega_x z)^2 + (\omega_x y - \omega_y x)^2 \\
&= + \omega_y^2 z^2 - 2\omega_y \omega_z zy + \omega_z^2 y^2 \\
&\quad + \omega_z^2 x^2 - 2\omega_z \omega_x xz + \omega_x^2 z^2 \\
&\quad + \omega_x^2 y^2 - 2\omega_x \omega_y yx + \omega_y^2 x^2
\end{aligned}
$$

將上式乘以 $m/2$，對所有質點求總和，並與 (31.17) 式比較，我們得出，比如說 I_{xx}，即為

$$
I_{xx} = \sum m(y^2 + z^2)
$$

這是我們從前所得到的，繞 x 軸旋轉的物體的轉動慣量公式（第 I 卷第 19 章）。因為 $r^2 = x^2 + y^2 + z^2$，我們亦可將此轉動慣量寫成

$$
I_{xx} = \sum m(r^2 - x^2)
$$

算出其餘分量，整個慣性張量便為

$$
I_{ij} = \begin{bmatrix}
\sum m(r^2 - x^2) & -\sum mxy & -\sum mxz \\
-\sum myx & \sum m(r^2 - y^2) & -\sum myz \\
-\sum mzx & -\sum mzy & \sum m(r^2 - z^2)
\end{bmatrix}
$$

(31.19)

你還可以將上式用「張量記號」寫為

$$
I_{ij} = \sum m(r^2\,\delta_{ij} - r_i r_j) \tag{31.20}
$$

此處，r_i 是一質點位置向量的分量 (x, y, z)，Σ 意指對所有質點求總和。轉動慣量是二階張量，其值應視為物體的性質。此張量將 **L** 關聯到 **ω**，

$$L_i = \sum_j I_{ij}\omega_j \tag{31.21}$$

　　對於任意形狀的物體，我們都可找出其慣性橢球，及對應的三條主軸。相對於三條主軸，此張量為對角形式。因此，對任意物體，一定存在有三個互相正交的旋轉軸，對其中任何一軸做轉動時，角速度與角動量彼此平行。這些正交軸就稱為慣性主軸。

31-5 外 積

　　我們必須指出，從第 I 卷第 20 章起就已開始使用二階張量了。當時，曾定義了「平面上的力矩」，例如 τ_{xy}，為

$$\tau_{xy} = xF_y - yF_x$$

推廣至三維時，我們即有

$$\tau_{ij} = r_iF_j - r_jF_i \tag{31.22}$$

τ_{ij} 即為二階張量。這事實可由下列討論看出，將 τ_{ij} 與某向量，例如，單位向量 e，結合如下：

$$\sum_j \tau_{ij}e_j$$

若此結合量為**向量**，則說明了 τ_{ij} 係如同張量般做轉換，這即符合我們對張量的定義。將 τ_{ij} 做代換，得到

$$\sum_j \tau_{ij}e_j = \sum_j r_i F_j e_j - \sum_j r_j e_j F_i$$

$$= r_i(\boldsymbol{F} \cdot \boldsymbol{e}) - (\boldsymbol{r} \cdot \boldsymbol{e})F_i$$

因內積結果為純量,故右式中的兩項均為向量,而其差值亦同樣為向量。故 τ_{ij} 為張量。

但 τ_{ij} 為特殊的張量:它是**反對稱的**,即

$$\tau_{ij} = -\tau_{ji}$$

所以它只有三個非零的項——τ_{xy}、τ_{yz} 及 τ_{zx}。在第 I 卷第 20 章,我們已證明這三個項,「很巧合的」,可如同向量分量般做轉換,所以我們可定義

$$\boldsymbol{\tau} = (\tau_x, \tau_y, \tau_z) = (\tau_{yz}, \tau_{zx}, \tau_{xy})$$

我們說「很巧合的」,因為這只在三維是如此。以四維為例,反對稱的二階張量有**六個**非零的項,自然無法取代為只有**四個**分量的向量。

正如軸向量 $\boldsymbol{\tau} = \boldsymbol{r} \times \boldsymbol{F}$ 為一張量,任意兩個極向量的外積結果均為張量——所有之前的論證均不變。由於好運氣,它們均可以用向量(其實是準向量)來代替,這簡化了數學運算。

由數學觀點而言,若 $\boldsymbol{a}$ 及 $\boldsymbol{b}$ 為兩個向量,則 $a_i b_j$ 等九個分量構成一張量(或許不一定有物理上的實用目的)。例如,由位置向量 r_i,可製造張量 $r_i r_j$。另外,由於 δ_{ij} 也是一張量,所以 (31.20) 式的右方確實形成張量。同樣的,(31.22) 式也為張量,因為其右式的兩項分別均為張量。

31-6 應力張量

　　至目前為止，所談到的對稱張量，都是一些係數所構成，這些正比係數將一個向量關聯到另一個向量。我們將檢視另一種具不同物理意義的張量——**應力張量**。考慮一個固體，有各種力施於其上。則對應的，在其內部有各種「應力」，換言之，即固體內部相鄰區域之間有交互作用的力。在第 12-3 節，我們已談過此類應力，只不過是針對二維的例子，也就是繃緊薄膜上的表面張力。現在將討論三維的材料，並瞭解如何用張量描述內部的應力。

　　考慮某種彈性材質的物體，例如一塊凝膠。若我們切割此物體，則割切面兩邊的物質會因內部應力而產生位移。尚未切割的時候，兩邊的物質會因內部應力而停留在定位；我們可以藉由這些內力來定義應力。考慮一垂直於 x 軸的平面，如圖 31-5 中的 σ 平面，看看作用在其上一小面積 $\Delta y\,\Delta z$ 的力。在其左方的物質會施予此面積向右的力 $\Delta \boldsymbol{F}_1$，如圖裡 (b) 所示。當然，也存在有一反向的作用力 $-\Delta \boldsymbol{F}_1$ 施於其上，並指向左方。若面積夠小，我們可預期 $\Delta \boldsymbol{F}_1$ 正比於面積 $\Delta y\,\Delta z$。

　　你一定熟悉這樣的應力——在靜止液體裡的壓力。其中，一面積所承受的力等於壓力乘以面積，並與該面積垂直。對固體或運動中的黏滯流體而言，內力未必垂直於面積；可以有壓力之外的應力，如**切**力（正或負）。「切」力意指內力中與平面**平行**的分量。）內力的三個分量必須一起計入。注意，若我們的割切面是沿其他方向，則作用於其上的內力也隨之不同。因此，要完整描述內部應力，必須使用張量才行。

　　我們定義應力張量如下：　首先，考慮一垂直於 x 軸的割切面，

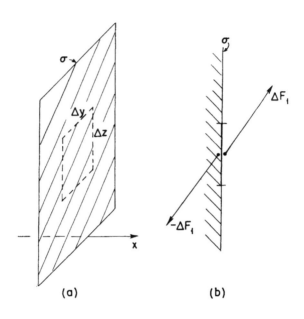

圖 31-5 在 σ 平面左方的物質，會對 $\Delta y\,\Delta z$ 面積施予向右的力 $\Delta \boldsymbol{F}_1$。

並將其上的力 $\Delta \boldsymbol{F}_1$ 分解爲 ΔF_{x1}、ΔF_{y1}、ΔF_{z1}，如圖 31-6 所示。這些分量對 $\Delta y\,\Delta z$ 的比值稱爲 S_{xx}、S_{yx} 及 S_{zx}。例如

$$S_{yx} = \frac{\Delta F_{x1}}{\Delta y\,\Delta z}$$

第一個下標 y 表示受力分量的方向；第二個下標 x 代表垂直於面積的方向。或者，你可將面積 $\Delta y\,\Delta z$ 寫爲 Δa_x，表示垂直於 x 方向的面積。則

$$S_{yx} = \frac{\Delta F_{x1}}{\Delta a_x}$$

再其次，我們考慮一垂直於 y 軸的割切面。作用在其上的力爲 $\Delta \boldsymbol{F}_2$。我們仍將此力分解爲三個分量，如圖 31-7 所示，並定義應力

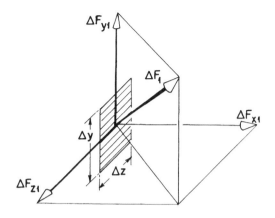

圖 31-6　對於一垂直 x 軸的 $\Delta y\,\Delta z$ 面積，其上的作用力 $\Delta \boldsymbol{F}_1$ 可分解為三個分量 ΔF_{x1} 、 ΔF_{y1} 、 ΔF_{z1} 。

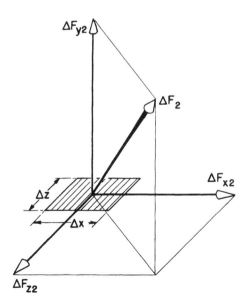

圖 31-7　垂直 y 軸的一小面積，其承受的應力可分解為三個正交方向的分量。

的三個分量 S_{xy}、S_{yy} 及 S_{zy}，為沿著三個方向每單位面積的內力分量。最後，我們想像一垂直於 z 軸的割切面，並定義三個分量 S_{xz}、S_{yz} 及 S_{zz}。如此，則我們有九個數值

$$S_{ij} = \begin{bmatrix} S_{xx} & S_{xy} & S_{xz} \\ S_{yx} & S_{yy} & S_{yz} \\ S_{zx} & S_{zy} & S_{zz} \end{bmatrix} \qquad (31.23)$$

　　我們要證明，這九個數值足以完整描述內部的應力狀態，以及 S_{ij} 的確為張量。考慮一個任意角度的新面積，要計算其上的作用力。我們能否由 S_{ij} 找出答案呢？答案是肯定的。做法如下：想像一個固體形狀，其中有一表面與新面積重疊，而其他表面則與各座標軸平行，如圖 31-8 的三角形物塊。（這雖然是特殊狀況，但應足以讓我們展示一般的方法。）作用在此三角固體上的全部應力應呈現平衡狀態（至少，在極小體積的極限下是成立的），因此總力應為零。而由 S_{ij}，可直接得出平行於座標軸的各表面上的應力，其總

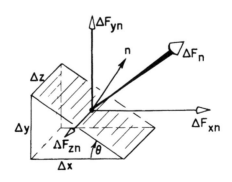

圖31-8　小面積 N（其垂直單位向量為 n）上的力 F_n 分解為幾個分量。

和必須和表面 N 上的力相等，所以此力亦可以用 S_{ij} 表出。

在以上討論裡，我們假設，此小三角形物體的**表面**力達成平衡，這是忽略了任何可能存在的**遍體**力，如重力，或當座標系非為慣性系統時的假想力。但是，這些遍體力正比於小三角的**體積**，即 $\Delta x \, \Delta y \, \Delta z$，而表面力則正比於面積，如 $\Delta x \, \Delta y$、$\Delta y \, \Delta z$ 等。所以當小楔形體的體積趨近於零時，遍體力遠小於表面力，而可忽略。

我們現在計算小楔形體上的總力。首先是 x 分量，有五個部分——每個表面貢獻一部分。當 Δz 足夠小時，兩個三角形表面（垂直於 z 軸者）其上的力相等且反向，故可捨棄。底面矩形上的應力，其 x 分量為

$$\Delta F_{x2} = S_{xy} \, \Delta x \, \Delta z$$

而垂直矩形，其應力的 x 分量為

$$\Delta F_{x1} = S_{xx} \, \Delta y \, \Delta z$$

此兩者必須等於 N 表面上所受**向外**應力的 x 分量。令 $\boldsymbol{n}$ 為垂直 N 表面的單位向量，並令 N 表面所受的力為 $\boldsymbol{F}_n$；則有

$$\Delta F_{xn} = S_{xx} \, \Delta y \, \Delta z + S_{xy} \, \Delta x \, \Delta z$$

這面積所受的應力，其 x 分量為 ΔF_{xn} 除以該面積，面積值為 $\Delta z \sqrt{\Delta x^2 + \Delta y^2}$，也就是

$$S_{xn} = S_{xx} \frac{\Delta y}{\sqrt{\Delta x^2 + \Delta y^2}} + S_{xy} \frac{\Delta x}{\sqrt{\Delta x^2 + \Delta y^2}}$$

而 $\Delta x / \sqrt{\Delta x^2 + \Delta y^2}$ 為 $\boldsymbol{n}$ 及 y 軸之間夾角 θ 的餘弦，如圖 31-8 所示，所以可寫為 n_y，即 $\boldsymbol{n}$ 的 y 分量。同理，$\Delta y / \sqrt{\Delta x^2 + \Delta y^2}$ 為 $\sin \theta = n_x$。

我們整理後，爲

$$S_{xn} = S_{xx}n_x + S_{xy}n_y$$

若將以上結果推廣到任意表面積，則可寫爲

$$S_{xn} = S_{xx}n_x + S_{xy}n_y + S_{xz}n_z$$

也就是說，一般而言，

$$S_{in} = \sum_j S_{ij}n_j \qquad (31.24)$$

我們**能夠**發現，任意面積上所承受的力以 S_{ij} 表出，因此 S_{ij} 的確完整描述了一材料內部的應力情況。

　　(31.24) 式敘述如何用 S_{ij} 張量，將 S_n 應力與單位向量 n 關聯起來，其形式正如用 α_{ij} 將 P 與 E 連繫起來。所以 S_{ij} 確實爲張量。

　　我們可證明 S_{ij} 是**對稱**張量，只需考慮一小立體材料所承受的應力。讓我們選取一小立方體，各表面與座標軸均爲平行，而其中一截面如同圖 31-9 所示。令各邊邊長爲一單位，則與 x 軸及 y 軸分別垂直的面，其承受的力分解爲 x 與 y 分量的狀況，如圖所示。若立方體很小，則由一邊到立方體對邊的應力將無明顯改變，因此這些力爲大小相等但方向相反，如圖所示。我們要求淨力矩爲零，否則小立方體將開始轉動。相對於立方體中心的總力矩爲 $(S_{yx} - S_{xy})$ × (立方體的單位邊長)。既然總和爲零，S_{yx} 便等於 S_{xy}，因此對應的張量爲對稱的。

　　因爲 S_{ij} 是對稱的，它也可以用一橢球來描述，且橢球也具有三個主軸。當面積爲垂直於這些主軸時，對應的應力極爲簡單──僅有垂直於該面積的力作用於其上，可能爲推力或拉力。而無切力作用於其上。對於**任何**應力，我們總是能夠選擇適當的軸，使得切力

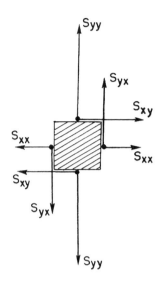

圖 31-9 一個小立方體，其四個表面積上所受的 x 與 y 方向的力。

分量爲零。若橢球爲一圓球體，則無論**任何**方向的面積，都僅有垂直的力作用於其上。此對應於流體靜壓（正或負值）。故對於流體靜壓而言，應力張量是對角形式的，而且三個分量均相等；事實上，它們即等於壓力 p。我們可寫爲

$$S_{ij} = p\delta_{ij} \qquad (31.25)$$

應力張量以及對應的橢球，一般而言，在一塊材料中是不盡然處處相同的；要完整的描述整塊材料，我們必須將 S_{ij} 的每一分量都寫成位置的函數。所以，應力張量是一種**場**。我們已談過**純量場**，如溫度 $T(x, y, z)$，對應空間中的每一點都需給出一個數值。另外，**向量場**，如 $E(x, y, z)$，則對應每一點都需給出三個數值。而目前的**張量場**，則是對於空間任一點，均給出九個數值，若爲對稱張量，

則僅有六個數值。對於具有任意應變的固體，欲完整描述其內部應力，需要六個 x、y、z 的函數。

31-7 更高階的張量

應力張量 S_{ij} 描述物質的內力。若材料具有彈性，則可用另一張量 T_{ij} 來描述其內部的**畸變**，這種張量稱為應變張量。對於簡單的物體，如一塊條狀金屬，我們知道，其長度改變 ΔL 近似正比於外力，即遵守虎克定律：

$$\Delta L = \gamma F$$

對於一任意形變下的彈性固體，應變張量 T_{ij} 與應力張量 S_{ij} 之間也可以用一組線性方程式關聯起來：

$$T_{ij} = \sum_{k,\,l} \gamma_{ijkl} S_{kl} \tag{31.26}$$

另外，你已知一個彈簧（或一根棍子），其位能為

$$\tfrac{1}{2}F\,\Delta L = \tfrac{1}{2}\gamma F^2$$

推廣到固態物體裡的彈性能**密度**，則有

$$U_{\text{彈性}} = \sum_{ijkl} \tfrac{1}{2}\gamma_{ijkl} S_{ij} S_{kl} \tag{31.27}$$

所以，要對晶體的彈性做完整的描述，則需要給定所有的 γ_{ijkl}。這就產生了新狀況，也就是**四階張量**。因為其任一下標可能是 x、

y、z 三者之一，這張量總共有 $3^4 = 81$ 個係數。但實際上，只有 21 個**不同**數值。首先，因爲 S_{ij} 是對稱的，它僅有六個不同數值，所以 (31.27) 式裡，只需要 36 個**不同的**係數。同時，因 S_{ij} 可與 S_{kl} 互換而不影響該式的能量，所以 γ_{ijkl} 在 ij 與 kl 互換下，必定爲對稱的。因此，這進一步使得不同的 γ_{ijkl} 數目降爲 21 個。因此要描述對稱性最低的晶體的彈性，需要 21 個彈性常數！當然，對於對稱性較高的固體，此數目會再降低。例如，立方晶體僅需三個彈性係數，而均向性物質僅需要兩個。

均向性物質的敘述可證明如下。在均向性條件下，γ_{ijkl} 的分量必須和座標軸的方向無關。那麼，γ_{ijkl} 該是如何呢？**答案是：只要它們能以張量 δ_{ij} 表出，則與座標軸方向無關。**而僅有兩種可能的組合，即 $\delta_{ij}\delta_{kl}$ 及 $\delta_{ik}\delta_{jl} + \delta_{il}\delta_{jk}$，滿足所要求的 γ 張量的對稱性。故 γ_{ijkl} 必然爲兩者的線性組合。因此，對均向性材料，

$$\gamma_{ijkl} = a(\delta_{ij}\delta_{kl}) + b(\delta_{ik}\delta_{jl} + \delta_{il}\delta_{jk})$$

此物質需要兩個係數，a 與 b，來描述其彈性。我們將立方晶體只需三個分量的證明略過，留給你們自己證明。

最後，我們談談三階張量。這發生在壓電效應的描述裡。在應力下，晶體可產生一正比於應力的電場。一般而言，該定律如下：

$$E_i = \sum_{j,k} P_{ijk}S_{jk}$$

此處，E_i 爲電場，P_{ijk} 爲壓電效應的係數，或稱爲壓電張量。你能證明下面的敘述嗎？當晶體具有反轉對稱性（在 x、y、$z \rightarrow -x$、$-y$、$-z$ 的轉換下不變），所有的壓電係數均等於零。

31-8 電磁動量的四維張量

目前爲止，我們在本章所檢視的張量，均屬於三維的情形；它們被要求，在空間旋轉下，需具有某些特定的轉換性質。在第26章時，我們曾經使用定義在相對論性四維時空裡的張量——即電磁場張量 $F_{\mu\nu}$。在勞侖茲座標變換下，此張量的諸分量以某特殊的方式轉換，而且此轉換也已推導出來。〔原本我們也可採取下列做法，就是將勞侖茲轉換視爲在稱之爲閔考斯基空間（Minkowski space）的四維「空間」的中「轉動」；則可較明顯看出和三維空間張量的類似之處。〕

在此將檢視最後一個張量例子，是定義在四維 (t, x, y, z)，出現於相對論裡。之前當我們寫下應力張量時，我們定義 S_{ij} 爲單位面積所受的力的分量。而力等於動量對時間的變化率。因此，與其說「S_{xy} 爲垂直於 y 軸的單位面積所受的力的 x 分量」，我們也可說「S_{xy} 爲通過垂直於 y 軸的單位面積的動量的 x 分量時間變化率」。換言之，S_{ij} 的每一項，代表了流過一垂直於 j 方向的單位面積的動量的 i 分量。這些分量是純空間的分量，但也是一「更大的」$S_{\mu\nu}$ 張量的一部分。此更大張量定義於四維（μ 與 $\nu = t, x, y, z$），包含了額外分量，如 S_{tx}、S_{yt}、S_{tt} 等。底下，我們將嘗試瞭解這些額外分量的物理意義。

我們已知空間分量代表動量流（flow of momentum），我們可藉由討論另一種「流動」，即電荷流，來獲得線索，以瞭解如何將動量流的意義拓展到時間維度。對電荷此**純量**而言，其流率（對垂直於流動方向的單位面積而言）爲一空間**向量**，即電流密度向量 j。我們也已談過，這個流向量的時間分量，即是對應於流動物質的密

度。例如，j 可與時間分量 $j_t = \rho$，即電荷密度，聯合起來，形成四維向量 $j_\mu = (\rho,\, j)$。此處，下標 μ 可爲 t、x、y、z 值，分別意謂著「密度、x 方向的電荷流率、y 方向的電荷流率、z 方向的電荷流率」。

現在，藉由方才對一純量流率的時間分量所做的討論，我們做一類比，我們或許會預期，因 S_{xx}、S_{xy} 及 S_{xz} 爲描述動量流率的 x 分量，應該對應有一時間分量 S_{xt}，描述此流動物理量的密度。也就是說，S_{xt} 對應於 x 動量的密度。所以我們可橫向拓展張量，把 t 分量包含進來。即有

$$S_{xt} = x\text{動量的密度}$$
$$S_{xx} = x\text{動量的}x\text{流}$$
$$S_{xy} = x\text{動量的}y\text{流}$$
$$S_{xz} = x\text{動量的}z\text{流}$$

同樣的，對於動量的 y 分量而言，我們有三個流分量——S_{yx}、S_{yy}、S_{yz}，在其上我們增加第四項

$$S_{yt} = y\text{動量的密度}$$

而且，當然的是，對 S_{zx}、S_{zy}、S_{zz}，我們加入

$$S_{zt} = z\text{動量的密度}$$

在四維，動量也有 t 分量，我們已知爲能量。因此，我們也應有 S_{tx}、S_{ty}、S_{tz} 等之縱向拓展，此處

$$S_{tx} = \text{能量的}x\text{流}$$
$$S_{ty} = \text{能量的}y\text{流} \tag{31.28}$$
$$S_{tz} = \text{能量的}z\text{流}$$

也就是說，S_{tx} 是每單位時間內，通過一垂直於 x 軸的面上，每單位面積內的能量，等等。最後，我們還需要 S_{tt}，才有了完整的張量。S_{tt} 即爲能量的**密度**。如此，我們將三維的應力張量 S_{ij}，拓展成了四維的**應力 ─ 能量張量** $S_{\mu\nu}$。下標 μ 可爲下列四個值之一：即 t、x、y、z，分別意指「密度」、「沿 x 方向每單位面積的流量」、「沿 y 方向每單位面積的流量」、「沿 z 方向每單位面積的流量」。同樣的，ν 也可爲下四個值之一：t、x、y、z，而表明是**何種**物理量流過，分別對應於「能量」、「沿著 x 方向的動量」、「沿著 y 方向的動量」以及「沿著 z 方向的動量」。

在下面所舉的例子中，我們將討論此四維張量在自由空間的情況，且此空間內並無物質，僅有電磁場的存在。我們已知能量流可由坡印廷向量 $S = \epsilon_0 c^2 E \times B$ 所代表。所以，由相對論的角度而言，S 的 x、y 及 z 分量分別是四維應力─能量張量的分量 S_{tx}、S_{ty} 及 S_{tz}。S_{ij} 張量的對稱性也適用於此四維張量的時間分量，所以四維張量 $S_{\mu\nu}$ 也是對稱的：

$$S_{\mu\nu} = S_{\nu\mu} \tag{31.29}$$

換言之，分量 S_{xt}、S_{yt}、S_{zt} 既爲 x、y、及 z **動量**的**密度**，又爲坡印廷向量 S 的 x、y 及 z 分量，坡印廷向量也就是**能量流**，這一點曾在前面章節以不同的方式論證過了。

電磁應力張量 $S_{\mu\nu}$ 的剩餘幾個分量，也可用電場 E 及磁場 B 表出。更直截了當的說，也就是，我們必須承認，應力就是存在於電磁場中的動量流。這點，曾在第 27 章談論 (27.21) 式時提到過，只是未詳細導出罷了。

若有人希望對四維向量再花點功夫練熟，底下列出了用電磁場表示的 $S_{\mu\nu}$：

$$S_{\mu\nu} = \frac{\epsilon_0}{2}\left(\sum_{\alpha} F_{\mu\alpha}F_{\nu\alpha} - \tfrac{1}{4}\,\delta_{\mu\nu}\sum_{\alpha,\beta} F_{\beta\alpha}F_{\beta\alpha}\right)$$

此處，對 α、β 求和時，α、β 可為四個值之一：即 t、x、y、z；另外（在相對論中慣用），我們特別規定求和符號 Σ 與符號 δ 的意義。在求和時，x、y、z 所對應的各項帶有負號，故非是求和，而是**求差**，而且 $\delta_{tt} = +1$，$\delta_{xx} = \delta_{yy} = \delta_{zz} = -1$，$\delta_{\mu\nu} = 0$，當 $\mu \neq \nu$ 時（設光速 $c = 1$）。你能否驗證，$S_{\mu\nu}$ 給出了能量密度 $S_{tt} = (\epsilon_0/2)(E^2 + B^2)$，以及坡印廷向量 $\epsilon_0 \boldsymbol{E} \times \boldsymbol{B}$ 呢？你能否證明在 $\boldsymbol{B} = 0$，僅有靜電場時，應力的主軸是沿著電場，且沿此場方向有一**張力** $(\epsilon_0/2)E^2$，而對與電場垂直的任意方向而言，則有一等值的**壓力**？

.

第32章│緻密材料的折射率

32-1 物質的極化

我們現在將討論由緻密材料所產生的光折射現象，也包含了光被緻密物質的吸收。在第 I 卷第 31 章中，我們曾討論了折射率的原理，但因當時我們只具備有限的數學能力，只能探討低密度的材料，如氣體。但那樣的探討，已澄清了折射率的物理原理。也就是，光的電場使得氣體分子極化，因而有了振盪的電偶極矩。振盪電荷因加速運動而輻射出新的電磁波。此新的電磁場與舊的電磁場干涉，改變了原來的電磁波，相當於原電磁波發生相移。因為此相移正比於材料的厚度，效果上等於是材料內有一不同的相速度。

在原先的討論裡，我們忽略了一事實，即新產生的電磁波同時也改變了振盪電偶極所感受到的電場。我們原先假設原子中的電荷，其所受的力完全來自入射的電磁波，然而實際上，它們的振盪不僅是由**入射**波所驅動，也同時受到來自其他原子的輻射波所影響。那時，我們為了避免麻煩，不考慮這種效應，而僅以稀薄氣體為對象來進行討論。這是因為稀薄氣體裡，這樣的效應是可忽略不計的。

我們將會發現，這個問題其實是可用微分方程輕易處理的。這個方法不易顯示折射率的物理成因（本質上是由再輻射波與原始波的干涉所造成），但可以很容易的處理緻密材料的問題。本章將會利用到許多過去各章節的結果。其實，幾乎所有需要的要素都已談過了，所以要介紹的新概念並不太多。因為你可能想要再溫習相關

請複習：見表 32-1。

表 32-1

本章的論述將以下列材料為基礎，而這些材料都已包含在以前的章節。

主題	出處	方程式
阻尼振盪	第 I 卷，第 23 章	$m(\ddot{x} + \gamma\dot{x} + \omega_0^2 x) = F$
氣體折射率	第 I 卷，第 31 章	$n = 1 + \dfrac{1}{2}\dfrac{Nq_e^2}{\epsilon_0(\omega_0^2 - \omega^2)}$
		$n = n' - in''$
遷移率	第 I 卷，第 41 章	$m\ddot{x} + \mu\dot{x} = F$
導電係數	第 I 卷，第 43 章	$\mu = \dfrac{\tau}{m}\,;\,\sigma = \dfrac{Nq_e^2\tau}{m}$
極化率	第 II 卷，第 10 章	$\rho_{極化} = -\boldsymbol{\nabla}\cdot\boldsymbol{P}$
介電質內部	第 II 卷，第 11 章	$\boldsymbol{E}_{局部} = \boldsymbol{E} + \dfrac{1}{3\epsilon_0}\boldsymbol{P}$

的概念，我們在 32-1 表中，列出了各條方程式，以及這些方程式的
出處。多數的時候，我們將不再討論這些方程式成立的道理，而只
是使用它們。

　　開始時，我們先複習產生氣體折射率的機制。假設每單位體積
的粒子數為 N，且每個粒子的行為都可視為諧振子。換言之，我們
所採用的原子或分子模型裡，電子所受的束縛力與其位移成正比
（電子彷彿是被一彈簧所束縛住）。我們在此要聲明，雖然就**古典**原
子模型而言，這不適當，但稍後我們會證明，在簡單的例子裡，此
模型等於量子力學所導出的結果。在以前折射率的探討裡，我們忽
略了阻尼力的存在，但現在，我們要將它包含在原子模型中。此力
對應於運動中的阻抗，也就是，對應於跟電子速度成正比的摩擦
力。如此，則運動方程式為

$$F = q_e E = m(\ddot{x} + \gamma\dot{x} + \omega_0^2 x) \qquad (32.1)$$

此處，x 代表平行於 E 方向的位移。（我們假設振子具有**均向性**，其回復力在各方向均一致。同時，暫時也假設，入射的電磁波爲線偏振波，所以 E 不會改變方向。）若作用於原子的電場隨時間的變化爲一正弦函數，我們可寫下

$$E = E_0 e^{i\omega t} \qquad (32.2)$$

則位移會以同一頻率做振盪，我們可令

$$x = x_0 e^{i\omega t}$$

做如下代換，$\dot{x} = i\omega x$ 與 $\ddot{x} = -\omega^2 x$，則可解出 x，並以 E 表示出來：

$$x = \frac{q_e/m}{-\omega^2 + i\gamma\omega + \omega_0^2} E \qquad (32.3)$$

得出位移之後，我們即可計算加速度 $\ddot{x}$，接著，找出加速度運動時輻射出的電磁波，這就是折射率的機制。這便是在第 I 卷第 31 章所用的方法。

然而，我們現在想採取不同的做法。原子所感應產生的電偶極矩 p 爲 $q_e x$，或由 (32.3) 式，

$$p = \frac{q_e^2/m}{-\omega^2 + i\gamma\omega + \omega_0^2} E \qquad (32.4)$$

因爲 p 正比於 E，我們可寫爲

$$p = \epsilon_0 \alpha(\omega) E \qquad (32.5)$$

此處，α 稱為**原子極化係數**★。根據以上定義，我們有

$$\alpha = \frac{q_e^2/m\epsilon_0}{-\omega^2 + i\gamma\omega + \omega_0^2} \tag{32.6}$$

以量子力學來解原子內部的電子運動，基本上得到一致的答案。所需的修正如下。原子的固有頻率多於一個，每一個頻率都有其耗散常數 γ。每一固有頻率所對應的振盪模式被賦予一有效「強度」，此有效強度因子寫為 f，其數量級可預期為 1。一模式所產生的極化係數要乘上該模式的強度因子。對每一振盪模式，將其所對應的 ω、γ 及 f 寫為 ω_k、γ_k、及 f_k，並對所有模式求和，我們可得總極化係數。此結果即是將 (32.6) 式修正為

$$\alpha(\omega) = \frac{q_e^2}{\epsilon_0 m} \sum_k \frac{f_k}{-\omega^2 + i\gamma_k\omega + \omega_{0k}^2} \tag{32.7}$$

若 N 為每單位體積內的原子數，則極化強度 P 便是 $Np = \epsilon_0 N\alpha E$，且正比於 E：

$$\boldsymbol{P} = \epsilon_0 N\alpha(\omega)\boldsymbol{E} \tag{32.8}$$

換言之，當一個正弦函數的電場作用於材料上時，在每單位體積內會誘發正比於電場的電偶極矩──其比例常數 α 是由頻率所決定。當頻率很高時，對電場的反應不大，α 值也就小。而在低頻率時，

★原注：除令 α 等於**原子**極化係數之外，本章使用的符號完全與第 I 卷第 31 章一致。在前一章，我們以 α 代表**體**極化率（volume polarizability），即 P 對 E 的比值。若以**本**章的記號來表示，則 $P = N\alpha\epsilon_0 E$（見 (32.8) 式）。

則可能產生很強的反應。而且，比例常數 α 爲複數，意謂著，極化係數並非恰好追隨電場做相同的改變，而具有某種程度的相移。總而言之，每單位體積內所產生的極化強度，其大小與電場強度成正比例。

32-2 介電材料裡的馬克士威方程

材料裡極化現象的存在，顯示在材料裡，存在有極化電荷與電流。這些必須加入馬克士威方程，才能正確解出電磁場。這和在眞空的情況不同，我們現在要解的馬克士威方程含有電荷與電流。首先，要考慮一小體積內，平均的電荷密度 ρ 及電流密度 j。此處的小體積尺寸大小與定義 P 時的體積相同。所需的 ρ 與 j 可由極化強度求得。

在第 10 章，我們已見到，當極化強度 P 在空間變化時，伴隨著有一電荷密度，爲

$$\rho_{極化} = -\nabla \cdot P \tag{32.9}$$

那時，我們處理的是靜態場，但此公式也適用於隨時間變化的場。而當 P 隨時間改變時，表示電荷正在運動，因此應該伴隨有一極化**電流**。每一振盪電荷均貢獻一小部分電流，等於電荷 q_e 乘以速度 v。又因每單位體積內有 N 個電荷，電流密度 j 爲

$$j = Nq_e v$$

而我們知道 $v = dx/dt$，故 $j = Nq_e(dx/dt)$，即是 dP/dt。因此，伴隨著極化強度，其電流密度爲

$$j_{極化} = \frac{d\boldsymbol{P}}{dt} \tag{32.10}$$

我們的問題現在可以簡化了。我們在寫下馬克士威方程式時，其中的電荷密度與電流密度可用 (32.9) 及 (32.10) 兩式，以 $\boldsymbol{P}$ 表出。（我們假設材料裡沒有其他的電荷與電流。）之後，將 $\boldsymbol{P}$ 以 (32.5) 式表為 $\boldsymbol{E}$，再解方程式裡的 $\boldsymbol{E}$ 和 $\boldsymbol{B}$ ——去找尋波動形式的解。

在這麼做之前，我們對相關的歷史發展做個說明。馬克士威當年寫下方程式，所使用的形式其實與我們如今所使用的不同。因為這種原始的形式已存在多年，而且仍有許多人在使用，我們將做些解釋，說明差異所在。在早期發展裡，介電係數的機制仍未完全理解。所以沒有人體認到 $\boldsymbol{\nabla} \cdot \boldsymbol{P}$ 會對電荷密度有部分的貢獻。他們只考慮未被原子束縛住的電荷（例如，在金屬線裡流動的電荷，或由物體表面摩擦產生的電荷）。

今日，我們傾向於用 ρ 表示**全部**的電荷密度，包括了原子內的束縛電荷。若此部分電荷稱為 $\rho_{極化}$，我們可寫下

$$\rho = \rho_{極化} + \rho_{其他}$$

此處，$\rho_{其他}$ 即是馬克士威所考慮的電荷，對應於不被個別原子所束縛住的電荷。則我們可寫下

$$\boldsymbol{\nabla} \cdot \boldsymbol{E} = \frac{\rho_{極化} + \rho_{其他}}{\epsilon_0}$$

將 $\rho_{極化}$ 用 (32.9) 式取代，則

$$\boldsymbol{\nabla} \cdot \boldsymbol{E} = \frac{\rho_{其他}}{\epsilon_0} - \frac{1}{\epsilon_0} \boldsymbol{\nabla} \cdot \boldsymbol{P}$$

也就是

$$\nabla \cdot (\epsilon_0 E + P) = \rho_{其他} \qquad (32.11)$$

馬克士威方程式裡,產生 $\nabla \times B$ 的電流密度也含有來自原子內束縛電子的貢獻。我們可寫爲

$$j = j_{極化} + j_{其他}$$

則馬克士威方程式成了

$$c^2 \nabla \times B = \frac{j_{其他}}{\epsilon_0} + \frac{j_{極化}}{\epsilon_0} + \frac{\partial E}{\partial t} \qquad (32.12)$$

應用 (32.10) 式,則得到

$$\epsilon_0 c^2 \nabla \times B = j_{其他} + \frac{\partial}{\partial t} (\epsilon_0 E + P) \qquad (32.13)$$

現在,若我們**定義**一新向量 D

$$D = \epsilon_0 E + P \qquad (32.14)$$

則以上兩個場方程式分別成爲

$$\nabla \cdot D = \rho_{其他} \qquad (32.15)$$

及

$$\epsilon_0 c^2 \nabla \times B = j_{其他} + \frac{\partial D}{\partial t} \qquad (32.16)$$

這便是馬克士威在處理介電材料時所用的形式。另外的兩個方程式爲

$$\nabla \times E = -\frac{\partial B}{\partial t}$$

及

$$\nabla \cdot B = 0$$

同我們以前所用的形式一致。

馬克士威以及其他早年的先進們，在處理磁性材料也有類似的問題（我們不久就會看到）。因為他們不知道造成原子磁性的環流的存在，所以他們所使用的電流便少了一部分。他們其實不用 (32.16) 式，而是寫成

$$\nabla \times H = j' + \frac{\partial D}{\partial t} \qquad (32.17)$$

此處，H 與 $\epsilon_0 c^2 B$ 不等，因為它還包括了原子內的環流。（故 j' 代表了其他部分的電流。）所以馬克士威共有**四個**場向量—— E、D、B 及 H，其中 D 與 H 蘊涵著材料內未被明顯考慮到的貢獻。你在許多地方都會看到這種形式的電磁波方程式。

要解這些方程式，必須將 D 與 H 關聯到其他的場，而人們慣於使用

$$D = \epsilon E \quad 與 \quad B = \mu H \qquad (32.18)$$

然而，這些關係對某些材料而言，只是近似成立。甚至進一步，必須是在電磁場隨時間的變動不會太劇烈的條件下，才近似成立。（對於以正弦函數形式變化的場，以上關係式是**能夠**成立的，只要我們讓 ϵ 與 μ 成為頻率的複數函數。而對任意隨時間而變的場量，這些關係式則不成立。）所以在解電磁波方程式時，花招百出。我們認為，應該以目前大家對介質的瞭解，使用基本量來寫下這些方程式——這也正是我們在此所做的。

32-3　介電材料裡的波動

現在，我們要找出，當介電材料裡只含有束縛於原子內的電荷時，究竟有哪一類的電磁波可以存在。令 $\rho = -\nabla \cdot P$ 及 $j = \partial P/\partial t$。則馬克士威方程式變成

(a)　$\nabla \cdot E = -\dfrac{\nabla \cdot P}{\epsilon_0}$　　　(b)　$c^2 \nabla \times B = \dfrac{\partial}{\partial t}\left(\dfrac{P}{\epsilon_0} + E\right)$

(c)　$\nabla \times E = -\dfrac{\partial B}{\partial t}$　　　(d)　$\nabla \cdot B = 0$

$$(32.19)$$

我們可以利用以前的辦法來解。也就是，先取 (32.19c) 式的旋度：

$$\nabla \times (\nabla \times E) = -\frac{\partial}{\partial t}\nabla \times B$$

下一步，利用底下的向量恆等式

$$\nabla \times (\nabla \times E) = \nabla(\nabla \cdot E) - \nabla^2 E$$

同時，將 $\nabla \times B$ 以 (32.19b) 式代換掉，則得

$$\nabla(\nabla \cdot E) - \nabla^2 E = -\frac{1}{\epsilon_0 c^2}\frac{\partial^2 P}{\partial t^2} - \frac{1}{c^2}\frac{\partial^2 E}{\partial t^2}$$

再用 (32.19a) 來代換 $\nabla \cdot E$，即得

$$\nabla^2 E - \frac{1}{c^2}\frac{\partial^2 E}{\partial t^2} = -\frac{1}{\epsilon_0}\nabla(\nabla \cdot P) + \frac{1}{\epsilon_0 c^2}\frac{\partial^2 P}{\partial t^2} \quad (32.20)$$

所以，與真空的波動方程式比較，我們得到的是，E 的達朗白算符（D'Alembertian）等於右式兩個含極化強度 P 的項的和。

因為 P 為 E 的函數，(32.20) 式仍可能有波動的解。現在，僅考慮**均向性**介質，即 P 永遠與 E 平行。我們嘗試找出沿 z 方向傳播的波的解。這時候，電場的變化形式為 $e^{i(\omega t - kz)}$。我們仍假設波動的偏振方向為 x 方向，使得電場僅有 x 分量。則可寫出

$$E_x = E_0 e^{i(\omega t - kz)} \tag{32.21}$$

你知道，任何 $(z - vt)$ 的函數代表速度為 v 的行進波。(32.21) 式的指數部分可寫為

$$-ik\left(z - \frac{\omega}{k}\, t\right)$$

所以，(32.21) 式代表的波動，其相速度為

$$v_\text{相} = \omega/k$$

而折射率 n 定義如下（見第 I 卷第 31 章）

$$v_\text{相} = \frac{c}{n}$$

因此，(32.21) 式最後可寫成

$$E_x = E_0 e^{i\omega(t - nz/c)}$$

所以我們可由下列方式得出 n，即先找出使 (32.21) 式滿足場方程式的 k 值，再運用

$$n = \frac{kc}{\omega} \tag{32.22}$$

在均向性材料裡，極化強度將僅有 x 分量；且因 P 不隨 x 座標而改變，所以 $\nabla \cdot P = 0$，因而我們就少了 (32.20) 式右邊首項的麻煩。同時，因我們假設介質為線性，P_x 將正比於 $e^{i\omega t}$，而有 $\partial^2 P_x / \partial t^2 =$

$-\omega^2 P_x$。在 (32.20) 式中的拉普拉斯算符（Laplacian）簡化成 $\partial^2 E_x / \partial z^2$ $= -k^2 E_x$，即得出

$$-k^2 E_x + \frac{\omega^2}{c^2}\, E_x = -\frac{\omega^2}{\epsilon_0 c^2}\, P_x \qquad (32.23)$$

現在，因為 E 為正弦函數，我們暫且假設 P 正比於 E，如同 (32.5) 式一般。（稍後，我們將回頭討論此假設。）所以，我們寫為

$$P_x = \epsilon_0 N \alpha E_x$$

則 E_x 可由 (32.23) 式兩邊消去，而得到

$$k^2 = \frac{\omega^2}{c^2}\,(1 + N\alpha) \qquad (32.24)$$

之前，我們已提到，當式子裡的 k 是由 (32.24) 式給定時，(32.21) 式的波動會滿足場方程式。和 (32.22) 式比較，就得出折射率 n 為

$$n^2 = 1 + N\alpha \qquad (32.25)$$

將此公式與從前（第 I 卷第 31 章）所得的氣體的折射率做比較。從前，折射率是由該章的 (31.29) 式給出，如下：

$$n = 1 + \frac{1}{2}\,\frac{Nq_e^2}{m\epsilon_0}\,\frac{1}{-\omega^2 + \omega_0^2} \qquad (32.26)$$

引用 (32.6) 式的 α 值，則 (32.25) 式將給出

$$n^2 = 1 + \frac{Nq_e^2}{m\epsilon_0}\,\frac{1}{-\omega^2 + i\gamma\omega + \omega_0^2} \qquad (32.27)$$

首先，現在的結果裡出現了新的一項 $i\gamma\omega$，這是因為我們將振子的

耗散考慮在內。其次，舊的式子其左邊為 n，而非 n^2，且該式裡多了個 1/2 的因子。但是我們注意，當 N 夠小時，n 很接近 1（在氣體情況時應是如此），則 (32.27) 式顯示 n^2 是 1 再加上一個小量：$n^2 = 1 + \epsilon$。我們可近似寫成 $n = \sqrt{1 + \epsilon} \approx 1 + \epsilon/2$，就可看出新舊兩式是等價的。因此可以說，就氣體而言，目前新的方法給出從前的結果。

你或許認為 (32.27) 式也給出了緻密介質的折射率。然而，此式必須加以修正，有幾個理由。首先，在該式的推導裡，假設了使一個原子極化的電場為 E_x。但是這**並不**正確，因為在緻密介質裡，一個原子附近的其他原子也可產生電場用以極化此原子，且此額外的電場大小可能接近於 E_x。

我們探討介質裡的靜電場時就曾考慮過類似問題。（見第 11 章。）你還記得，我們在估計一個原子所感受到的電場時，是假想它座落於被介質所包圍的球形空腔裡。此空腔裡的電場——當時稱為**局部**電場，大於平均電場 E，多出的量為 $P/3\epsilon_0$。（請注意，這個結果只在均向性材料才正確，也包含立方晶格的特例。）

同樣的推論也適用於電磁波裡的電場，只要該波動的波長遠大於原子間的距離就能成立。讓我們只考慮這樣成立的情況，則可寫下

$$E_{局部} = E + \frac{P}{3\epsilon_0} \qquad (32.28)$$

這個局部電場才是在 (32.3) 式所應用的 E；也就是說，(32.8) 式應要改寫為

$$P = \epsilon_0 N\alpha E_{局部} \qquad (32.29)$$

將 (32.28) 式的 $E_{局部}$ 代入，則有

$$P = \epsilon_0 N\alpha \left(E + \frac{P}{3\epsilon_0} \right)$$

也就是

$$P = \frac{N\alpha}{1 - (N\alpha/3)} \, \epsilon_0 E \qquad (32.30)$$

換言之，對緻密介質而言，P 仍是正比於 E（當 E 為正弦函數時）。但是，比例常數不再是 $\epsilon_0 N\alpha$，如同 (32.23) 式底下的式子所示，而應為 $\epsilon_0 N\alpha/[1 - (N\alpha/3)]$。所以我們應把 (32.25) 式修正為

$$n^2 = 1 + \frac{N\alpha}{1 - (N\alpha/3)} \qquad (32.31)$$

較便易的寫法，是將上式改寫為

$$3 \, \frac{n^2 - 1}{n^2 + 2} = N\alpha \qquad (32.32)$$

和原式的代數是等價的。這個式子即稱為克勞修斯－莫梭提方程（Clausius-Mossotti equation）。

　　緻密材料尚有另一麻煩。因為其鄰近原子是如此的靠近，彼此之間存在有極強的交互作用。其內在的振盪模式會因此而改變。原子內電子振盪的固有頻率會因交互作用而出現多值，而且振盪運動裡的阻尼會相當大——因阻抗係數大幅增加之故。因此，固體的 ω_0 與 γ 等值會與自由原子所對應的數值相去甚遠。考慮了這些因素，我們仍可近似的使用 (32.7) 式。因而可寫出

$$3 \, \frac{n^2 - 1}{n^2 + 2} = \frac{N q_e^2}{m\epsilon_0} \sum_k \frac{f_k}{-\omega^2 + i\gamma_k\omega + \omega_{0k}^2} \qquad (32.33)$$

　　最後，尚有一個複雜性也需考慮。若此緻密物質是幾種成分的混合體，且每種成分都會產生極化。則 α 的總值將是此混合體內各

個組成成分所給出貢獻的總和（除了因為用 (32.28) 式估計有序晶體內的局部電場時，所犯之誤差外，這效應曾在討論鐵電體談過）。令 N_j 為第 j 個成分在每單位體積內的原子數，(32.32) 式應取代為

$$3\left(\frac{n^2 - 1}{n^2 + 2}\right) = \sum_j N_j \alpha_j \qquad (32.34)$$

此處，每個成分之 α_j 都是由如 (32.7) 的式子所決定。(32.34) 式便是我們折射率理論所需要的最後一個式子。其中，$3(n^2 - 1)/(n^2 + 2)$ 是頻率的複數函數，該函數即為原子極化係數之平均值 $\alpha(\omega)$。對於緻密介質而言，要精準求得 $\alpha(\omega)$（也就是找出 f_k、γ_k 及 ω_{0k}），並不是簡單的量子力學問題。目前僅對一些單純的材料，曾經由基本原理求得 $\alpha(\omega)$。

32-4　複數折射率

我們來檢視 (32.33) 式的結論所蘊涵的結果。首先，注意到因為 α 為複數，所以折射率 n 也應為複數。這是什麼意思呢？讓我們將 n 寫為實部與虛部的和，如下：

$$n = n_R - in_I \qquad (32.35)$$

此處，n_R 及 n_I 為 ω 的實數函數。我們給了虛部 in_I 一個負號，這將使得在一般普通光學材料裡的 n_I 值為正值。（一般被動光學材料本身並不扮演光源，不像雷射，因此那些材料的 γ 為正值，因而 n 的虛部為負值。）(32.21) 式所給出的平面波，以 n 來表出，是為

$$E_x = E_0 e^{i\omega(t - nz/c)}$$

將 n 寫爲 (32.35) 式的形式，則得

$$E_x = E_0 e^{-\omega n_I z/c} e^{i\omega(t - n_R z/c)} \tag{32.36}$$

其中，$e^{i\omega(t - n_R z/c)}$ 代表一速度爲 c/n_R 的行進波，所以可看出 n_R 即爲一般我們所認知的折射率。而此波動的**振幅**爲

$$E_0 e^{-\omega n_I z/c}$$

隨著 z 而呈指數遞減。在圖 32-1，令 $n_I \approx n_R/2\pi$，我們畫出了某一瞬間，電場強度隨 z 值的變化。折射率的虛部代表的是，由於原子

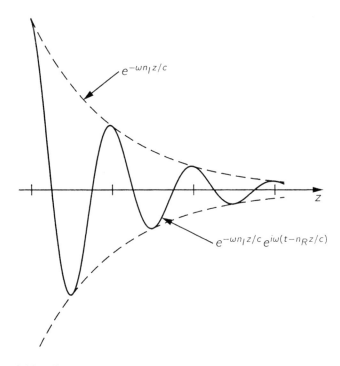

圖 32-1　在某一瞬間 t，電場 E_x 對 z 的作圖，假設 $n_I \approx n_R/2\pi$。

裡的振子在運動時產生能量耗損，因而造成的能量衰減。由於波動**強度**正比於振幅平方，所以

$$強度 \propto e^{-2\omega n_I z/c}$$

或通常寫為

$$強度 \propto e^{-\beta z}$$

此處 $\beta = 2\omega n_I/c$ 稱為**吸收係數**。因此，(32.33) 式不僅給出了材料折射率的理論，也給出了該材料在光吸收方面的理論預測。

　　對於我們一般所認知的透明材料，其對應的 $c/\omega n_I$ 量（這個量的單位為長度）遠大於該材料的厚度。

32-5　混合物質的折射率

　　我們的折射率理論尚有另一個預測，是可以和實驗比較驗證的。讓我們考慮某個由兩種物質組成的混合體。其折射率並非兩物質折射率的平均值，而應由該兩種物質的極化率求和後來決定，如 (32.34) 式所描述。例如，我們可以問糖水的折射率為何？則我們需計算其總極化率，等於水的極化率與糖的極化率的和。而其中任一者的極化率，在計算時，都應使用該物質在單位體積內的分子數 N。換言之，若一溶液含有 N_1 個水分子，其極化率為 α_1，及 N_2 個糖分子（$C_{12}H_{22}O_{11}$），其極化率為 α_2，則我們將有

$$3\left(\frac{n^2-1}{n^2+2}\right) = N_1\alpha_1 + N_2\alpha_2 \tag{32.37}$$

　　我們可以測量在各種蔗糖濃度下的溶液極化率，並據此檢驗我

們的極化率公式。此處，我們當然已做了一些假設，例如，當蔗糖溶解於水中時，沒有任何的化學反應產生，且在這些不同的濃度之下，各個原子內振子的運動，都未受到太大的干擾。因此，這個公式的預測只是近似。雖然如此，讓我們瞧瞧它的準確性如何。

我們之所以選擇糖水溶液做爲例子，是因爲在《物理化學手冊》裡，將糖水折射率的測量結果做了詳盡的表列。另一個原因，是因爲蔗糖爲分子晶體，溶解於水時，並不會形成離子，或是改變自身的化學狀態。

表 32-2 的前三行，列有來自手冊的數據。 A 行是蔗糖的重量分率， B 行爲密度量測值（公克／公分 ^{3}）， C 行爲對波長爲 589.3 毫微米的光所測得的折射率。對純糖介質，我們取用糖晶體的折射率量測值。因該晶體爲非均向性，所以量得的折射率隨方向而改變。手冊裡列有三個值：

表 32-2　蔗糖溶液的折射率，以及與 (32.37) 式的理論預測的比較

資料來自《物理化學手冊》

A 蔗糖 重量分率	B 密度 （公克／公分 ^{3}）	C n 在 20℃時	D 每公升的 蔗糖 ^{d} 莫耳數 N_2/N_0	E 每公升的 水 ^{e} 莫耳數 N_1/N_0
0^a	0.9982	1.333	0	55.5
0.30	1.1270	1.3811	0.970	43.8
0.50	1.2296	1.4200	1.798	34.15
0.85	1.4454	1.5033	3.59	12.02
1.00^b	1.588	1.5577^c	4.64	0

^{a} 純水
^{c} 平均值（見內文）
^{e} 水的分子量 = 18

^{b} 糖晶體
^{d} 蔗糖的分子量 = 342

$$n_1 = 1.5376, \qquad n_2 = 1.5651, \qquad n_3 = 1.5705$$

我們取其平均值。

　　現在，可以試著計算每個濃度下的 n 值。但有個問題，我們並不知道 α_1、α_2 該用何值。所以，換個方式來檢驗折射率理論：假設水的極化率（α_1）不隨濃度而改變，則我們可從實驗的 n 值，用 (32.37) 式，而解出蔗糖的極化率 α_2。若折射率理論為正確，則無論何種濃度，解出的 α_2 值都會一樣。

　　首先，我們需要得出 N_1 及 N_2：我們將以亞佛加厥數 N_0 來表出。令 1 公升（1000 公分^3）為一單位體積。則 N_i/N_0 等於每公升的重量除以克分子重量。而每公升的重量又等於密度（乘以 1000，換算為每公升的公克數）乘以蔗糖或水的重量分率。如此，即可得出 N_2/N_0 及 N_1/N_0，如表中的 D 行及 E 行。

$3\left(\dfrac{n^2 - 1}{n^2 + 2}\right)$ F	$N_1\alpha_1$ G	$N_2\alpha_2$ H	$N_0\alpha_2$ （公克／公升） J
0.617	0.617	0	—
0.698	0.487	0.211	0.213
0.759	0.379	0.380	0.211
0.886	0.1335	0.752	0.210
0.960	0	0.960	0.207

在 F 行，我們用 C 行中 n 的實驗值，算出 $3(n^2-1)/(n^2+2)$。對於純水而言，$3(n^2-1)/(n^2+2)$ 等於 0.617，此值等於 $N_1\alpha_1$。之後，我們可寫出 G 行中所有剩餘待求的值，這是因為我們可用下列的關係，即來自同列的比值 G/E 為常數，恆等於 0.617:55.5。將 G 行從 F 行減去，即得到蔗糖之貢獻 $N_2\alpha_2$，如 H 行所示。再將 H 行中的各項除以 D 行的 N_2/N_0 值，最後得到 $N_0\alpha_2$ 值，如 J 行所示。

根據我們的理論，我們會預期，所有的 $N_0\alpha_2$ 值都應相等。實際上，它們雖不完全相同，但非常接近。所以我們可做結論說，我們的想法是很正確的。更甚者，我們同時發現到，糖分子的極化率和其環境的關係不大，它的極化率不因溶液稀釋而改變，與晶體的極化率相同。

32-6 金屬物質裡的波動

這一章所推導出來的理論，不但適用於固體物質，也適用於良好導體，例如金屬，而且不需要大幅修正。在金屬裡，有一些電子並不受任何力量束縛在特定原子上；就是這些「自由」電子，造成了導電性。還有其他電子，則是受到束縛的，而這類束縛狀態的電子，也是上述理論適用的對象。只是，它們的效應，和導電的自由電子相比，變得無足輕重。因此，底下只考慮自由電子的效應。

當電子不再受到回復力的影響時，但仍有運動的阻抗存在，則其運動方程式將不同於 (32.1) 式，因為式中的 $\omega_0^2 x$ 已不存在了。我們所需做的，便只是在原先的推導中，令 $\omega_0^2 = 0$，以及考慮底下的差異。在介電材料中，我們必須區分平均場與局部場，因在絕緣體內，每個偶極的位置都是固定不變的，所以相對於其他偶極矩的位置而言，其間的相對關係也是固定不變的。但是，金屬中的傳導電

子卻是四處移動的，因此，它們所感受到的電場，**平均而言**，就等
於平均場 E 。所以，我們用 (32.28) 式對 (32.5) 式所做的那種修正，
就**不**應該用於傳導電子。因此，金屬的折射率，應如 (32.27) 式所
示，只是需令 ω_0 為零，即給出

$$n^2 = 1 + \frac{Nq_e^2}{m\epsilon_0} \frac{1}{-\omega^2 + i\gamma\omega} \qquad (32.38)$$

以上僅含有來自傳導電子的貢獻，而此項就是金屬材料折射率的主
要項。

我們還知道 γ 值為何，因該值與金屬的導電係數相關。在第 I
卷第 43 章，我們曾討論過，金屬的導電，緣自於自由電子在晶體
內的擴散。電子在行進時採取鋸齒狀路徑，不斷遭受到雜質散射，
而在散射之間的空檔，則像是一自由電子在平均場下做等加速運動
（如圖 32-2 所示）。在第 I 卷第 43 章裡，我們瞭解到，平均漂移速
度等於加速度乘以介於兩次連續碰撞間的平均時間 τ。因加速度等
於 q_eE/m，所以

$$v_{漂移} = \frac{q_eE}{m}\tau \qquad (32.39)$$

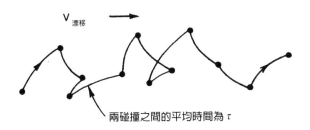

兩碰撞之間的平均時間為 τ

圖 32-2　自由電子的運動

此公式裡，我們假設 E 為常數，所以 $v_{漂移}$ 為一穩定速度。由於長期而言，平均加速度為零，即阻力等於所施的力。而我們已用 $\gamma m v$ 為阻力來定義 γ（見 (32.1) 式），又施力等於 $q_e E$；總結起來，得

$$\gamma = \frac{1}{\tau} \qquad (32.40)$$

雖然我們無法輕易的直接測量到 τ，我們可由測量金屬的導電係數來得到該值。實驗上，發現當金屬內有一電場 E 時，會產生一正比於 E 的電流密度 j（對於均向性材料而言）：

$$j = \sigma E$$

其中的比例常數 σ，就稱為**導電係數**。這也可由 (32.39) 式得到，若令

$$j = N q_e v_{漂移}$$

則

$$\sigma = \frac{N q_e^2}{m} \tau \qquad (32.41)$$

所以 τ，或因而 γ，可以由觀測導電係數來決定。使用 (32.40) 與 (32.41) 兩式，即可將折射率公式 (32.38) 式，改寫為下列形式：

$$n^2 = 1 + \frac{\sigma/\epsilon_0}{i\omega(1 + i\omega\tau)} \qquad (32.42)$$

此處，

$$\tau = \frac{1}{\gamma} = \frac{m\sigma}{N q_e^2} \qquad (32.43)$$

此式應用於金屬折射率甚為方便。

32-7 低頻與高頻近似；趨膚深度與電漿頻率

前面的結果，即 (32.42) 式，使用於金屬的折射率時，所預測的波傳播，隨著頻率不同而表現出差異極大的特性。我們首先來看**低**頻的情形。若頻率 ω 很低，則可將 (32.42) 式近似為

$$n^2 = -i\frac{\sigma}{\epsilon_0\omega} \tag{32.44}$$

而你可檢驗下列平方根的恆等式★

$$\sqrt{-i} = \frac{1-i}{\sqrt{2}}$$

所以在低頻時，

$$n = \sqrt{\sigma/2\epsilon_0\omega}\,(1-i) \tag{32.45}$$

n 的虛部與實部的值大小相等。因為虛部很大，對應的波動在金屬內會很快衰減，由 (32.36) 式可知，對於沿 z 方向行進的波，其振幅衰減如下

$$\exp\left[-\sqrt{\sigma\omega/2\epsilon_0 c^2}\,z\right] \tag{32.46}$$

將上式寫為

$$e^{-z/\delta} \tag{32.47}$$

★原注：或寫為 $-i = e^{-i\pi/2}$；$\sqrt{-i} = e^{-i\pi/4} = \cos \pi/4 - i\sin \pi/4$，也會得到相同結果。

則 δ 便對應一特殊長度，而當此波行進了 δ 距離後，該波的振幅便遞減了 $e^{-1} = 1/2.72$，約為三分之一。該波的振幅隨著 z 做改變，如圖 32-3 所示。因為電磁波只能深入金屬 δ 的深度，δ 稱為**趨膚深度**（skin depth）。其值為

$$\delta = \sqrt{2\epsilon_0 c^2/\sigma\omega} \tag{32.48}$$

現在，我們要對於所謂「低頻」做一番澄清。回頭檢視 (32.42) 式，可看出，只有當 $\omega\tau$ 遠小於 1，且當 $\omega\epsilon_0/\sigma$ 亦遠小於 1 時，才可近似為 (32.44) 式。也是說，我們的低頻近似，受以下條件的限制：

$$\omega \ll \frac{1}{\tau}$$

及

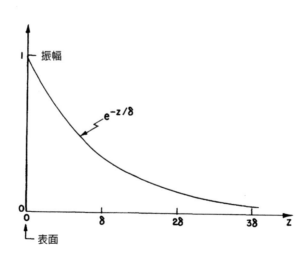

圖 32-3　電磁場橫波的振幅，隨其深入金屬的距離而改變。

$$\omega \ll \frac{\sigma}{\epsilon_0} \qquad\qquad (32.49)$$

　　讓我們看看，對於一典型金屬，例如銅，這些頻率對應的數值。用 (32.43) 式及量測的導電係數，來計算 τ 及 σ/ϵ_0。由某本手冊，我們得到下列數據：

$$\sigma = 5.76 \times 10^7 \,/\text{歐姆} \cdot \text{公尺}$$

原子量 $= 63.5$ 公克

密度 $= 8.9$ 公克／公分^3

亞佛加厥數 $= 6.02 \times 10^{23}$／克原子量

若假設每個原子貢獻一自由電子，則每立方公尺所含的電子數爲

$$N = 8.5 \times 10^{28} \,/\text{公尺}^3$$

使用

$$q_e = 1.6 \times 10^{-19} \text{ 庫侖}$$

$$\epsilon_0 = 8.85 \times 10^{-12} \text{ 法拉／公尺}$$

$$m = 9.11 \times 10^{-31} \text{ 公斤}$$

得到

$$\tau = 2.4 \times 10^{-14} \text{ 秒}$$

$$\frac{1}{\tau} = 4.1 \times 10^{13} \,/\text{秒}$$

$$\frac{\sigma}{\epsilon_0} = 6.5 \times 10^{18} \,/\text{秒}$$

所以當頻率低於 10^{12} 赫茲時，銅內電磁波的傳播就會表現出所謂「低頻」的行爲（對應的眞空中波長小於 0.3 公釐，是極短的無線電

波波長！）

對於這類電磁波，銅的趨膚深度為

$$\delta = \sqrt{\frac{0.028 \, \text{公尺}^2 / \text{秒}}{\omega}}$$

而頻率為 10,000 百萬赫茲的微波（波長 3 公分），

$$\delta = 6.7 \times 10^{-5} \text{公分}$$

所能穿透的距離就很小。

由以上的討論，我們可瞭解，為何在空腔（或波導）的問題裡，只需考慮空腔內的電磁場，而不需擔心腔外或金屬中的電磁場。同時，這也說明了，為何空腔體的耗損，可藉由添加一層銀或金薄膜來降低。這是因為耗損乃源自於產生電流，但電流則已給限制在一厚度為趨膚深度的薄層之內了。

現在，考慮在高頻條件下，一金屬，例如銅的折射率。在高頻時，$\omega\tau$ 遠大於 1，所以 (32.42) 式可近似為

$$n^2 = 1 - \frac{\sigma}{\epsilon_0 \omega^2 \tau} \qquad (32.50)$$

對高頻的電磁波而言，金屬的折射率轉為實數值，而且小於 1！這結果也可由 (32.38) 式明顯看出，因為在 ω 值很大時，耗散項 γ 可忽略。則 (32.38) 式給出

$$n^2 = 1 - \frac{Nq_e^2}{m\epsilon_0 \omega^2} \qquad (32.51)$$

當然，此式應與 (32.50) 式相同。此處的 $Nq_e^2/m\epsilon_0$ 以前曾出現過，我們稱為電漿頻率（第 7-3 節）：

$$\omega_p^2 = \frac{Nq_e^2}{\epsilon_0 m}$$

所以，我們可將 (32.50) 式或 (32.51) 式重新寫為

$$n^2 = 1 - \left(\frac{\omega_p}{\omega}\right)^2$$

電漿頻率是某種「臨界」頻率。

當 $\omega < \omega_p$ 時，金屬的折射率帶有虛部，電磁波會衰減；但當 $\omega \gg \omega_p$ 時，折射率轉為實數值，金屬表現出透明材料的行為。例如，你知道對 X 射線而言，金屬算是透明的。而有些材料，甚至對紫外線而言，就是透明的了。在表 32-3，我們列出幾種金屬所對應的波長，這些數據是實驗上所觀測到的、當金屬開始變得透明時的波長值。在第二行，列出了計算所得的臨界波長 $\lambda_p = 2\pi c/\omega_p$。因為實驗值帶有一些含糊性，所以我們可說，此處理論與實驗的一致性還不錯。

你可能會好奇，為何此電漿頻率 ω_p 和電磁波在金屬內的傳播有關。在第 7 章出現電漿頻率，是因電漿頻率是自由電子**密度**振盪的固有頻率。（一團電子受到電力所斥，電子的慣性導致了密度振盪。）所以電漿**縱**波在 ω_p 時會發生共振。但是，我們本節所談的卻是電磁**橫**波，而且發現當頻率小於 ω_p 時，電磁波會被吸收。

表 32-3 [*]

臨界波長值低於此值時，金屬成為透明的。

金屬	λ（實驗值）	$\lambda_p = 2\pi c/\omega_p$
Li	1550 Å	1550 Å
Na	2100	2090
K	3150	2870
Rb	3400	3220

[*]取自 C. Kittel, *Introduction to Solid State Physics*, John Wiley and Sons, Inc., New York, 2nd ed., 1956, p. 266。

（這個有趣的巧合，並非偶然。）

　　雖然我們所談的是金屬內的波動傳播，你一定已認知到物理現象的普適性——無論自由電子是在金屬內、或是在地球游離層的電漿內、或是某顆恆星的大氣裡，都不應該存有差異。要瞭解無線電波在游離層內的傳播，我們可使用同一公式，當然，還必須搭配適合的 N 及 τ 值。我們因此便可瞭解，為何長無線電波會被游離層吸收與反射，而短無線電波卻可穿透。（短無線電波因此可在衛星通訊裡使用。）

　　談過了低頻與高頻極限下的波傳播，至於介於兩極限之間的頻率，則需使用完整的 (32.42) 公式。一般而言，折射率會兼有實部與虛部，當波動在金屬內行進時會衰減。極薄的金屬層甚至在可見光的頻率下，都變得有些透明。例如，高溫爐旁的工作人員所配帶的護目鏡，便是蒸鍍過一層薄金材料的鏡片。這種鏡片帶有深綠色，可見光很容易通過，而可吸收大部分紅外線。

　　最後，你們一定注意到，這一章的許多公式，和第 10 章所談的介電常數 κ 的式子，具有某程度的相似性。介電常數 κ 是標度一材料對一定值的電場的反應，也就是當 $\omega = 0$ 時。如果你仔細瞭解 n 與 κ 的定義，就可以看出來，當 $\omega \to 0$，κ 就是 n^2 的極限。的確，令 $\omega = 0$ 與 $n^2 = \kappa$，則本章的方程式將等於第 11 章介電常數理論的公式。

第33章

表面反射

33-1 光的反射與折射

這一章的主題為光（或廣義而言，可說是電磁波）在表面的反射與折射。第 I 卷第 26 章已討論過反射與折射的定律。羅列如下：

(1) 反射角等於入射角。這些角如圖 33-1 裡所標示，而有

$$\theta_r = \theta_i \tag{33.1}$$

(2) 對入射及透射光線而言，$n \sin \theta$ 的乘積值相等（司乃耳定律）：

$$n_1 \sin \theta_i = n_2 \sin \theta_t \tag{33.2}$$

(3) 反射光的強度由入射角與偏振方向所決定。當 E 垂直於入射面時，反射係數 $R_\perp$ 為

$$R_\perp = \frac{I_r}{I_i} = \frac{\sin^2 (\theta_i - \theta_t)}{\sin^2 (\theta_i + \theta_t)} \tag{33.3}$$

當 E 平行於入射面時，反射係數 $R_{||}$ 為

$$R_{||} = \frac{I_r}{I_i} = \frac{\tan^2 (\theta_i - \theta_t)}{\tan^2 (\theta_i + \theta_t)} \tag{33.4}$$

請複習：第 I 卷第 33 章〈偏振〉。

(4) 當正向入射時（偏振方向爲任意），

$$\frac{I_r}{I_i} = \left(\frac{n_2 - n_1}{n_2 + n_1}\right)^2 \tag{33.5}$$

（之前，我們曾用 i 代表入射角，用 r 代表折射角。但因無法以 r 同時代表折射角**與**反射角，本章使用 θ_i = 入射角，θ_r = 反射角，θ_t = 透射角。）

　　之前對本主題的討論，在普通情形下，應已滿足任何人的需求，然而這一章將以不同的方式重新處理此主題。原因爲何？理由之一是，原先的討論裡，我們假設折射率爲實數值（物質不具光吸

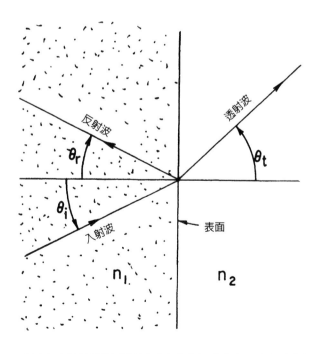

圖33-1　光波在表面的反射與折射（波動的行進方向垂直於波峰）

收能力）。另一理由是，你們應該要學得如何由馬克士威方程的觀點，來處理在表面的波動現象。我們將會得到和從前相同的結果，但這一次將是藉由直接解出波動問題的答案，而非如從前一般透過某些巧妙的論證來得到。

我們強調，表面反射的振幅，不像折射率是由**物質**種類所決定。這振幅是一種「表面性質」，完完全全由表面的結構所決定。兩物質的折射率分別為 n_1 及 n_2，它們之間的界面，若摻入一層成分雜七雜八的薄膜，便會改變反射的情況。（這將會產生各式各樣的干涉，例如，油膜所顯示的色彩。厚度適當時，甚至可減少反射振幅至零，鍍膜鏡片的原理正是如此。）我們即將導得的公式，只適用於，當折射率的改變並非漸進的，而是在比一個波長還更短的距離內發生。對可見光而言，波長約為 5000 Å，所以我們所謂的「平滑」表面，是指折射率條件之改變，發生於幾個原子（或幾個埃）之內的距離。我們的公式將適用於高度磨光的表面。一般而言，若折射率在幾個波長的距離內做漸進的改變，則幾乎不會有反射發生。

33-2 緻密物質裡的波

首先回想在第 I 卷第 36 章中，如何以簡易的方式描述正弦平面波。此種波動裡的任何場**分量**（以 E 為例）均可寫為

$$E = E_0 e^{i(\omega t - \boldsymbol{k}\cdot\boldsymbol{r})} \tag{33.6}$$

此處，E 代表 t 時刻在 $\boldsymbol{r}$ 點（由原點算起）的振幅。其中 $\boldsymbol{k}$ 向量指向波動行進的方向，而其大小 $|\boldsymbol{k}| = k = 2\pi/\lambda$ 為波數。該波動的相速度為 $v_{相} = \omega/k$；若是折射率為 n 的物質裡，$v_{相} = c/n$，所以

$$k = \frac{\omega n}{c} \tag{33.7}$$

令 k 在 z 方向；則 $k \cdot r$ 即是 kz，爲我們所慣用。若 k 爲任意方向，則應將 z 代換爲 r_k，此 r_k 爲沿著 k 方向至原點的距離；也就是說，我們應將 kz 代換爲 kr_k，這便是 $k \cdot r$（見圖 33-2）。所以 (33.6) 式確爲描述任意方向波動的簡易方式。

　　同時，也提醒大家，

$$k \cdot r = k_x x + k_y y + k_z z$$

此處，k_x、k_y 及 k_z 爲 k 向量沿三個座標軸的分量。實際上，之前我們曾指出，(ω, k_x, k_y, k_z) 爲四維向量，而且該向量與 (t, x, y, z) 的內

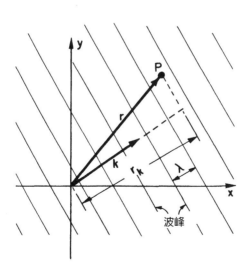

圖 33-2　對於沿著 k 方向行進的波動而言，在任意一點 P 的相位爲 $(\omega t - k \cdot r)$。

積爲不變量。所以,一波動的**相位**爲不變量,而 (33.6) 式也可寫成

$$E = E_0 e^{ik_\mu x_\mu}$$

但是,這裡的處理並不需要如此花俏。

當 E 爲正弦波,如 (33.6) 式所示時,$\partial E/\partial t$ 等於 $i\omega E$,而 $\partial E/\partial x$ 等於 $-ik_x E$,其他分量也很類似。現在便可瞭解,爲何在處理微分方程式時,(33.6) 式特別的方便 —— 因爲微分可被乘法所取代。更進一步,$\nabla = (\partial/\partial x,\ \partial/\partial y,\ \partial/\partial z)$ 的運算可用三個乘法運算來取代。但是,因爲這三個乘積因子的轉換,如同向量 k 的三個分量,因此算符 ∇ 可以用 $-ik$ 的乘法運算來取代:

$$\frac{\partial}{\partial t} \to i\omega$$
$$\nabla \to -ik \qquad (33.8)$$

這個代換對 ∇ 的運算永遠成立,無論是梯度、散度或旋度。例如,$\nabla \times E$ 的 z 分量爲

$$\frac{\partial E_y}{\partial x} - \frac{\partial E_x}{\partial y}$$

若 E_y 與 E_x 的函數形式都爲 $e^{-ik \cdot r}$,則得

$$-ik_x E_y + ik_y E_x$$

該結果可看出是 $-ik \times E$ 的 z 分量。

所以我們可歸納出一有用的法則,就是,無論何時,當你有一個三維的波(三維屬物理上的重要部分),而需對其取梯度時,你可很快的,幾乎不假思索,得到其導數,只需記得 ∇ 的運算是等價於 $-ik$ 的乘法。

例如,法拉第方程

$$\nabla \times E = -\frac{\partial B}{\partial t}$$

應用於波動時，變成

$$-ik \times E = -i\omega B$$

此結果給出

$$B = \frac{k \times E}{\omega} \tag{33.9}$$

上式對應於我們之前在眞空所得的電磁波結果——電磁波中的 B，垂直於 E 及波動行進方向。（在眞空中，$\omega/k = c$。）(33.9) 式的正負號可與你的記憶相驗證，只是要記得，k 與坡印廷向量 $S = \epsilon_0 c^2 E \times B$ 同向。

　如果將 ∇ 運算的法則應用在其他的馬克士威方程，將再度得到上一章的結果，其中有

$$k \cdot k = k^2 = \frac{\omega^2 n^2}{c^2} \tag{33.10}$$

但我們已知此結果，沒有必要重複。

　如果你眞想做些有趣的事情，可以嘗試底下這個很棒的問題，那是 1890 年的研究所學生可能遭遇到的終極試題：找出在**異向性**晶體裡，馬克士威方程的平面波解，也就是，當極化強度 P 和電場 E 是由極化張量關聯起來的情況。當然，你應該將座標軸選爲沿著該張量的主軸方向，使得 P 與 E 之間的關係式化爲最簡（即 $P_x = \alpha_a E_x$，$P_y = \alpha_b E_y$，$P_z = \alpha_c E_z$），但仍容許波動有任意行進方向與偏振。之後，就應該可以找出 E 和 B 之間的關係式，以及 k 是如何隨著行進方向和偏振而改變。那麼，你就可瞭解異向性晶體的光學行爲了。其實，最好是由較簡單的雙折射的例子做起，例如方解石，其中有

兩極化率相等（好比說 $\alpha_b = \alpha_c$），然後試試看你能否解釋，爲什麼你由此晶體看出去時會有雙影像。如果你能解出，再嘗試最困難的狀況，即三個 α 值均不相等。於是，你可測出自己是否具有 1890 年研究生的水準。在這一章裡頭，我們將只考慮均向性物質。

由經驗得知，當一平面波抵達兩物質之間的界面時，例如，空氣與玻璃，或水與油之間的界面，會產生一反射波及一透射波。讓我們僅做以上的假設，看看我們可得出些什麼。在我們選取的座標裡，yz 平面與界面重合，xy 平面則與入射面重合，如圖 33-3 所示。

入射波的電場向量可寫爲

$$E_i = E_0 e^{i(\omega t - k \cdot r)} \tag{33.11}$$

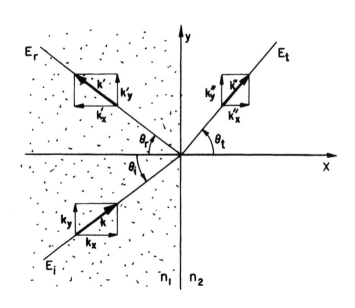

圖 33-3　入射波、反射波及透射波的傳播向量 k、k' 及 k''。

因為 k 垂直於 z 軸，

$$\boldsymbol{k} \cdot \boldsymbol{r} = k_x x + k_y y \qquad (33.12)$$

反射波可寫為

$$\boldsymbol{E}_r = \boldsymbol{E}_0' e^{i(\omega' t - \boldsymbol{k}' \cdot \boldsymbol{r})} \qquad (33.13)$$

其頻率為 ω'，波數為 k'，振幅為 $\boldsymbol{E}_0'$。（當然，我們知道，實際上其頻率及 k 的大小，都等於入射波的對應量，但我們在此處不需要這些假設。我們將在底下的數學過程中，自然得出相同的結論。）最後，我們將透射波寫為

$$\boldsymbol{E}_t = \boldsymbol{E}_0'' e^{i(\omega'' t - \boldsymbol{k}'' \cdot \boldsymbol{r})} \qquad (33.14)$$

我們已知，馬克士威方程組中，有一方程給出 (33.9) 式，因此對所有波動，有

$$\boldsymbol{B}_i = \frac{\boldsymbol{k} \times \boldsymbol{E}_i}{\omega}, \qquad \boldsymbol{B}_r = \frac{\boldsymbol{k}' \times \boldsymbol{E}_r}{\omega'}, \qquad \boldsymbol{B}_t = \frac{\boldsymbol{k}'' \times \boldsymbol{E}_t}{\omega''} \qquad (33.15)$$

又，如我們令兩介質的折射率分別為 n_1 與 n_2，由 (33.10) 式，得

$$k^2 = k_x^2 + k_y^2 = \frac{\omega^2 n_1^2}{c^2} \qquad (33.16)$$

因反射波處於介質 1，於是

$$k'^2 = \frac{\omega'^2 n_1^2}{c^2} \qquad (33.17)$$

而對透射波，則有

$$k''^2 = \frac{\omega''^2 n_2^2}{c^2} \qquad (33.18)$$

33-3 邊界條件

目前爲止，我們已描述問題裡的三種波動，再來要做的，便是將反射波與透射波的參數推導出來，以入射波的參數表示出。該如何做呢？我們之前所給出的三種波動，分別滿足在均勻物質裡的馬克士威方程，但該方程在兩物質的界面處也應該被滿足。所以，現在該檢驗在界面上的狀況。我們將會發現，馬克士威方程要求這幾種波需以某種方式匹配在一起。

舉個例說明，邊界兩邊的電場 E，其 y 分量必須相等。這個條件是基於法拉第定律

$$\nabla \times E = -\frac{\partial B}{\partial t} \qquad (33.19)$$

這可由下面推導得出。考慮一個跨越界面的矩形迴路 Γ，如圖 33-4 所示。根據 (33.19) 式，沿著 Γ 計算 E 的線積分，必須等於通過迴路的 B 通量的改變率，即

$$\oint_\Gamma E \cdot ds = -\frac{\partial}{\partial t} \int B \cdot n \, da$$

想像迴路非常的窄，以致它所包圍的面積爲無限小。若 B 爲有限（並無任何理由，使得 B 在邊界上爲無限大！）則通過該面積的通量爲零。所以 E 的線積分也必須爲零。令 E_{y1} 及 E_{y2} 爲邊界兩邊電場的 y 分量，l 爲矩形的長。則有

$$E_{y1}l - E_{y2}l = 0$$

也就是

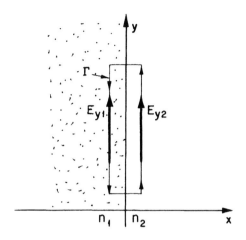

圖33-4　邊界條件 $E_{y2} = E_{y1}$ 可由 $\oint_\Gamma E \cdot ds = 0$ 導出。

$$E_{y1} \;=\; E_{y2} \qquad\qquad (33.20)$$

如前所述。這就給出三種波動的電場之間的關係式。

　　如前面的程序，將馬克士威方程組應用在界面上，便稱爲「定出邊界條件」。一般而言，是藉由如圖33-4中的迷你矩形做論證，或使用橫跨邊界的迷你高斯面，儘可能找出所有如 (33.20) 式的條件。雖然這是完全正確的做法，卻予人一種印象：對不同的物理問題，便得用不同的辦法來處理邊界。

　　例如，在通過界面的熱流問題裡，邊界兩旁的溫度該如何關聯起來呢？你或許會如此說，其中一邊流**向**邊界的熱量，需等於另一邊流**離**邊界的熱量。通常是可以如上這般主張，而且也是相當有用的，藉由這樣的物理論證推導出邊界條件。但有些時候，在做某些問題時，你僅有的就只是幾個方程式，而看不出有很明顯的物理論

證可以使用。

目前，雖然在我們感興趣的電磁學問題裡有很好的論證**可以使用**，底下，我們將教給你一個方法，可應用在任何的問題上──這是**一般性**的辦法，可由微分方程式直接導得在邊界上的條件。

我們首先寫下介電質的全部的馬克士威方程，而且這次，我們對所有場分量都很清楚的逐條列出：

$$\boldsymbol{\nabla} \cdot \boldsymbol{E} = - \frac{\boldsymbol{\nabla} \cdot \boldsymbol{P}}{\epsilon_0}$$

$$\epsilon_0 \left(\frac{\partial E_x}{\partial x} + \frac{\partial E_y}{\partial y} + \frac{\partial E_z}{\partial z} \right) = - \left(\frac{\partial P_x}{\partial x} + \frac{\partial P_y}{\partial y} + \frac{\partial P_z}{\partial z} \right) \quad (33.21)$$

$$\boldsymbol{\nabla} \times \boldsymbol{E} = - \frac{\partial \boldsymbol{B}}{\partial t}$$

$$\frac{\partial E_z}{\partial y} - \frac{\partial E_y}{\partial z} = - \frac{\partial B_x}{\partial t} \quad (33.22a)$$

$$\frac{\partial E_x}{\partial z} - \frac{\partial E_z}{\partial x} = - \frac{\partial B_y}{\partial t} \quad (33.22b)$$

$$\frac{\partial E_y}{\partial x} - \frac{\partial E_x}{\partial y} = - \frac{\partial B_z}{\partial t} \quad (33.22c)$$

$$\boldsymbol{\nabla} \cdot \boldsymbol{B} = 0$$

$$\frac{\partial B_x}{\partial x} + \frac{\partial B_y}{\partial y} + \frac{\partial B_z}{\partial z} = 0 \quad (33.23)$$

$$c^2 \boldsymbol{\nabla} \times \boldsymbol{B} = \frac{1}{\epsilon_0} \frac{\partial \boldsymbol{P}}{\partial t} + \frac{\partial \boldsymbol{E}}{\partial t}$$

$$c^2 \left(\frac{\partial B_z}{\partial y} - \frac{\partial B_y}{\partial z} \right) = \frac{1}{\epsilon_0} \frac{\partial P_x}{\partial t} + \frac{\partial E_x}{\partial t} \quad (33.24a)$$

$$c^2 \left(\frac{\partial B_x}{\partial z} - \frac{\partial B_z}{\partial x} \right) = \frac{1}{\epsilon_0} \frac{\partial P_y}{\partial t} + \frac{\partial E_y}{\partial t} \quad (33.24b)$$

$$c^2 \left(\frac{\partial B_y}{\partial x} - \frac{\partial B_x}{\partial y} \right) = \frac{1}{\epsilon_0} \frac{\partial P_z}{\partial t} + \frac{\partial E_z}{\partial t} \quad (33.24c)$$

　　所有的方程式在區域 1（即邊界之左）及區域 2（即邊界之右）都必須成立。我們已經寫過在區域 1 及區域 2 的解。另外，這些方程式在邊界上，或我們稱之為區域 3 的地方，也必須被滿足。雖然我們常認為，界面的物性不連續，實際上並非如此。物理性質在界面附近的確發生劇烈的改變，但絕非無限大的劇烈。無論如何，總是可以想像，在介於區域 1 及 2 的地方，折射率的轉變是急遽、但**連續的**，此過渡區域非常的窄，我們稱為區域 3。而且，諸如 P_x 或 E_y 等的任何場量，也都有同樣的轉變。在區域 3 裡面，對應的微分方程仍應成立，藉由探討此區域裡的微分方程，我們便可導出所要求的「邊界條件」。

　　例如，考慮介於眞空（區域 1）與玻璃（區域 2）之間的邊界。在眞空中，沒有任何物質可偏振，所以 $P_1 = 0$。令玻璃裡的極化強度為 P_2。介於眞空及玻璃之間，極化強度做平滑、但劇烈的轉變。若我們檢視 **P** 的任意分量，如 P_x，則它的變化可能如圖 33-5(a) 所示。讓我們取出之前方程組的第一條方程，即 (33.21) 式。它含有 **P** 分量對 x、y 及 z 的微分。y 及 z 微分不需考慮，因為在那些方向上並無特殊的狀況發生。但 P_x 的 x 微分在區域 3 裡將有很大的值，因為 P_x 的斜率極為陡峭。$\partial P_x / \partial x$ 導數在邊界上將會有陡峭的尖峰，如圖 33-5(b) 所示。若想像將該區域壓縮得為更狹窄，則此尖峰相對的會上升。對於所考慮的波動，若此邊界眞的很狹窄，則在區域 3 的 $\partial P_x / \partial x$ 值，其大小將遠大於遠離邊界時因 **P** 變化所產生的貢獻──所以我們可以忽略掉其他項，而只保留來自此邊界的貢獻。

　　現在，思考如何讓 (33.21) 式，在其右式中有一陡峭尖峰之項的情況下，仍可被滿足？唯一的可能性便是，其左式中也需有一同樣陡峭的尖峰。左邊的各項中，必有一項很大。唯一可能的項，便是 $\partial E_x / \partial x$，因為相對而言，沿著 y 與 z 方向的波動變化，只有很小

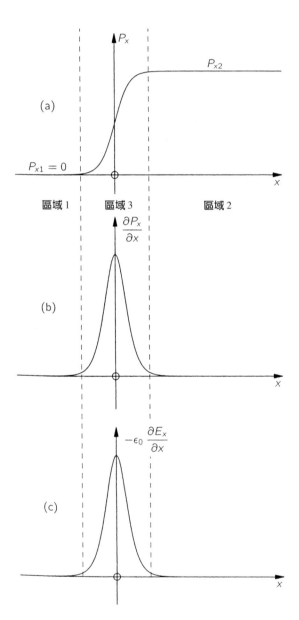

圖 33-5　區域 3 裡各場量的情形；區域 3 介於區域 1 與區域 2 之間，為一轉變區。

的效應，在之前的討論即已提過。因此，$-\epsilon_0 \partial E_x / \partial x$ 的作圖應如圖 33-5(c) 所示，正如是 $\partial P_x / \partial x$ 一般。所以，我們得到

$$\epsilon_0 \frac{\partial E_x}{\partial x} = -\frac{\partial P_x}{\partial x}$$

若將上式對 x 積分，積分區域會跨越區域 3，則得

$$\epsilon_0(E_{x2} - E_{x1}) = -(P_{x2} - P_{x1}) \tag{33.25}$$

換言之，$\epsilon_0 E_x$ 由區域 1 到區域 2 的跳升，等於 $-P_x$ 的跳升。

我們將 (33.25) 式改寫為

$$\epsilon_0 E_{x2} + P_{x2} = \epsilon_0 E_{x1} + P_{x1} \tag{33.26}$$

此式可表述為，($\epsilon_0 E_x + P_x$) 一量在區域 1 與區域 2 的值相等。或說：($\epsilon_0 E_x + P_x$) 一量在界面上是**連續的**。這樣，我們便導得了其中之一的邊界條件了。

雖然在前面的例子裡，因區域 1 為真空的緣故，我們令 P_1 為零，但是顯然的，同樣的論證也適用在當此兩區域都含有物質的情況，因此 (33.26) 式在一般情況下都成立。

我們現在逐一檢視其餘的馬克士威方程，看看每一條方程告訴我們什麼。先看 (33.22a) 式。其中並未含有 x 導數，所以未能給出任何結果。（提醒讀者，場量**本身**在邊界上並非特別的大：只有它們對 x 的導數才為極大，而可主宰整個方程。）再來，我們檢查 (33.22b) 式。哇！其中含有對 x 的導數！在該式左邊有 $\partial E_z / \partial x$。似乎可假設它是一個巨大的量。但是，等一等！在該式右邊並沒有任何項可以匹配，因此 E_z 由區域 1 至區域 2 的變化，便**不能**為一跳升的量。（如果不然，則 (33.22b) 式左方將有一尖峰，而右方則無，那麼此方程將無法成立。）因此，這就給出了新條件：

$$E_{z2} = E_{z1} \tag{33.27}$$

同樣的道理，(33.22c) 式給出

$$E_{y2} = E_{y1} \tag{33.28}$$

上式即我們之前以線積分的論證方式得出的 (33.20) 式。

　　繼續來檢視 (33.23) 式。其中可能含有尖峰的項為 $\partial B_x/\partial x$，但是該式右邊並未含有任何項可匹配，因此我們的結論為

$$B_{x2} = B_{x1} \tag{33.29}$$

　　再來便是最後一條馬克士威方程了！(33.24a) 中不含有任何 x 導數，因此並不給出任何條件。(33.24b) 含有一個 x 導數，但此外，並無任何匹配的項。我們可得

$$B_{z2} = B_{z1} \tag{33.30}$$

最後一條方程很類似，而可得到

$$B_{y2} = B_{y1} \tag{33.31}$$

　　以上三個條件，可綜合為 $B_2 = B_1$。此處，我們要強調，這個結果成立的條件是，界面兩邊的材料必須是非磁性的，或是說，我們可忽略存在於材料裡的任何磁性效應時。對大部分材料而言，這是對的，但是對鐵磁材料而言，則是例外。（在後面的幾章裡，我們將處理材料的磁性。）

　　我們的工作總共給出了區域 1 與區域 2 的場量彼此之間的六個關係式。我們將它們整理條列於表 33-1。我們可以用這些關係將兩區域的波動匹配在一塊兒。然而，我們也要再一次強調，在導得這

表 33-1 介質表面的界面條件

$$(\epsilon_0 \boldsymbol{E}_1 + \boldsymbol{P}_1)_x = (\epsilon_0 \boldsymbol{E}_2 + \boldsymbol{P}_2)_x$$
$$(\boldsymbol{E}_1)_y = (\boldsymbol{E}_2)_y$$
$$(\boldsymbol{E}_1)_z = (\boldsymbol{E}_2)_z$$
$$\boldsymbol{B}_1 = \boldsymbol{B}_2$$

（界面座落於 yz 平面）

些關係式時所採用的點子，其實適用在**任意的**物理情況，只要你是處理微分方程，而且你要找尋的解會跨過一狹窄的邊界區域，且在此邊界兩邊的物質具有不同性質，便可適用。雖然就目前本章的需要而言，我們也可用通量與環流的論證來導得相同的條件。（你可以試試看，是否能用這樣的方法導出相同的結果。）但是此處我們教給你的方法，可適用於任何情況，包括那些不易看出在邊界上的物理細節究竟為何的問題，以及用通量或環流的方式來進行論證可能會遭到困難的問題，你現在只要透過微分方程來推導就成了。

33-4 反射波與透射波

現在已經萬事俱備了。我們可以將前面導出的邊界條件，應用在第 33-2 節中所寫下的波動函數。那裡，我們有

$$\boldsymbol{E}_i = \boldsymbol{E}_0 e^{i(\omega t - k_x x - k_y y)} \tag{33.32}$$

$$\boldsymbol{E}_r = \boldsymbol{E}_0' e^{i(\omega' t - k_x' x - k_y' y)} \tag{33.33}$$

$$\boldsymbol{E}_t = \boldsymbol{E}_0'' e^{i(\omega'' t - k_x'' x - k_y'' y)} \tag{33.34}$$

$$B_i = \frac{k \times E_i}{\omega} \tag{33.35}$$

$$B_r = \frac{k' \times E_r}{\omega'} \tag{33.36}$$

$$B_t = \frac{k'' \times E_t}{\omega''} \tag{33.37}$$

另外，我們還知道一點：對於每一波動函數而言，E 都與該波的傳播向量 k 垂直。

最後的結果，將會和入射波的 E 向量方向（即偏振方向）有關。我們將分析簡化，而分別考慮入射波的 E 向量**平行**於其「入射面」（即 xy 平面），以及入射波的 E 向量**垂直**於其入射面。其他任意方向的偏振，只不過是這兩種情況的線性組合。換言之，對不同的偏振方向而言，反射波與透射波的強度也隨之不同，而最方便的做法便是，挑出其中最簡單的兩個狀況來分別處理。

對於偏振方向垂直於入射面的入射波，我們將予以完整的分析，而對於另一種偏振的情況，我們則僅給結論。雖然只處理最簡單的狀況，聽來不太誠實，但實質上兩者所用到的原理是一樣的。我們令 E_i 僅有 z 分量，又因所有 E 向量均為同向，我們可省略向量正負號。

只要兩物質都為均向性，其內部感應而生的電荷振盪也都是沿 z 方向，那麼透射波與輻射波的電場也只有 z 分量。因此，對所有波動而言，E_x、E_y、P_x、P_y 均為零。這些波動的 E 與 B 向量，如圖 33-6 所示。（我們略微偏離了原先的計畫，原先計畫從方程式得出所有的推論。此處的結論也可由邊界條件導得，但使用物理論證在此處節省了大量的代數演算。若你有空暇，不妨嘗試從方程式導出相同的結果。很明顯的，我們的物理論證與方程式必然是一致

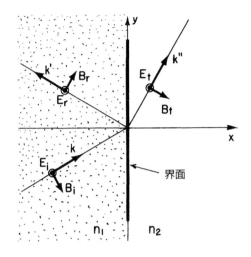

圖 33-6　當入射波的偏振方向垂直於入射面時，反射波與透射波的偏
　　　　振方向。

的，只是我們並未論證**其他的**可能性是不存在的罷了。）

　　由 (33.26) 至 (33.31) 式的邊界條件，可給出區域 1 與區域 2 的 E 與 B 分量。在區域 2 我們僅有透射波，但在區域 1 我們有**兩種**波動。該使用哪一者？在區域 1 的場，當然是入射波與反射波的場疊加所成。（因個別的波均滿足馬克士威方程，它們的和也會滿足該方程。）所以在使用邊界條件時，我們有

$$E_1 = E_i + E_r, \qquad E_2 = E_t$$

處理 B 時亦是同理。

　　就我們目前所考慮的偏振情況而言，(33.26) 式及 (33.28) 式並不蘊涵新的資訊，僅 (33.27) 式有用處。它給出**在邊界** $x = 0$ 處，如下的條件：

$$E_i + E_r = E_t$$

因此，我們有下列等式

$$E_0 e^{i(\omega t - k_y y)} + E_0' e^{i(\omega' t - k_y' y)} = E_0'' e^{i(\omega'' t - k_y'' y)} \qquad (33.38)$$

此式對於**所有** t 及**所有** y 值都成立。先看 $y = 0$ 的情況，則有

$$E_0 e^{i\omega t} + E_0' e^{i\omega' t} = E_0'' e^{i\omega'' t}$$

上式敘述兩振盪項的和等於第三個振盪。這等式要能成立的條件是，所有振盪的頻率必須相同。（頻率不同時，三個或任意個振盪，是無法給出恆等於零的總和的。）所以

$$\omega'' = \omega' = \omega \qquad (33.39)$$

而其實我們早就已知，反射波與透射波的頻率與入射波的相同。

或許我們原本在開始時，就應當將上述事實放入方程式裡，以避免麻煩，之所以在此討論，是想說明這事實可以由馬克士威方程得出罷了。當你處理一實際問題時，最好是將所有你已知的事實，在一開始時便放入計算裡，如此可節省不少的麻煩。

由定義，k 的**大小**是由 $k^2 = n^2 \omega^2/c^2$ 決定，所以我們也有

$$\frac{k''^2}{n_2^2} = \frac{k'^2}{n_1^2} = \frac{k^2}{n_1^2} \qquad (33.40)$$

令 (33.38) 式中 $t = 0$。使用我們之前的論證，要求此方程對所有 y 值均成立，則得

$$k_y'' = k_y' = k_y \qquad (33.41)$$

又由 (33.40) 式，$k'^2 = k^2$，所以

$$k_x'^2 + k_y'^2 = k_x^2 + k_y^2$$

由此結果及 (33.41) 式，得

$$k_x'^2 = k_x^2$$

或是 $k_x' = \pm k_x$。此處的正號不合物理意義，因為正號不會給出**反射**波，而是給出另一**入射**波，與原先設定只有一個入射波相矛盾。因此，

$$k_x' = -k_x \qquad (33.42)$$

(33.41) 及 (33.42) 這兩個方程式給出反射角等於入射角，如所預期（見圖 33-3）。反射波為

$$E_r = E_0' e^{i(\omega t - k_x x + k_y y)} \qquad (33.43)$$

對於透射波，我們已有

$$k_y'' = k_y$$

及

$$\frac{k''^2}{n_2^2} = \frac{k^2}{n_1^2} \qquad (33.44)$$

所以我們可由此解出 k_x''。我們得到

$$k_x''^2 = k''^2 - k_y''^2 = \frac{n_2^2}{n_1^2} k^2 - k_y^2 \qquad (33.45)$$

先假設 n_1 及 n_2 為實數（即折射率的虛部非常小），則所有的 k

均為實數，而由圖 33-3，我們得

$$\frac{k_y}{k} = \sin\theta_i, \qquad \frac{k_y''}{k''} = \sin\theta_t \qquad (33.46)$$

由 (33.44)，我們得

$$n_2 \sin\theta_t = n_1 \sin\theta_i \qquad (33.47)$$

即為司乃耳折射定律——又是我們已經知道的東西。若折射率非為實數，則波數為複數，我們必須使用 (33.45) 式。（我們仍可用 (33.46) 式**定義** θ_i 與 θ_t，則 (33.47) 式的司乃耳折射定律仍可成立。此時，這些「角度」為複數，因而不能再賦予一般的角度幾何意義。最佳方式，仍是以複數 k_x 和 k_x'' 來描述波動。）

到目前為止，我們尚未得到新的結果。由複雜數學導出明顯已知的答案，我們就已經得到單純的樂趣。底下，我們將試著找出仍屬未知的振幅。根據前面 ω 及 k 的結果，(33.38) 式中的指數因子可加以移除，而得到

$$E_0 + E_0' = E_0'' \qquad (33.48)$$

由於 E_0' 及 E_0'' 均是未知，我們還需另一關係式。我們需要另外的邊界條件。但並非 E_x 及 E_y 的方程，因為所有 E 場僅有 z 分量。我們需要考慮 $\boldsymbol{B}$ 場條件。先試試 (33.29) 式：

$$B_{x2} = B_{x1}$$

由 (33.35) 至 (33.37) 式，

$$B_{xi} = \frac{k_y E_i}{\omega}, \qquad B_{xr} = \frac{k_y' E_r}{\omega'}, \qquad B_{xt} = \frac{k_y'' E_t}{\omega''}$$

又由 $\omega'' = \omega' = \omega$ 及 $k_y'' = k_y' = k_y$，我們得

$$E_0 + E_0' = E_0''$$

這即是 (33.48) 式就有的結果！所以這是浪費時間的嘗試。

我們也可嘗試用 (33.30) 式 $B_{z2} = B_{z1}$，可惜 $\boldsymbol{B}$ 場也沒有 z 分量。至此，只剩下 (33.31) 式 $B_{y2} = B_{y1}$ 可試了。對於此處的三種波動：

$$B_{yi} = -\frac{k_x E_i}{\omega}, \qquad B_{yr} = -\frac{k_x' E_r}{\omega'}, \qquad B_{yt} = -\frac{k_x'' E_t}{\omega''} \qquad (33.49)$$

把 E_i、E_r 及 E_t 代入在 $x = 0$ 處（即在邊界）的表示式，前述邊界條件成為

$$\frac{k_x}{\omega} E_0 e^{i(\omega t - k_y y)} + \frac{k_x'}{\omega'} E_0' e^{i(\omega' t - k_y' y)} = \frac{k_x''}{\omega''} E_0'' e^{i(\omega'' t - k_y'' y)}$$

由於所有的 ω 及 k_y 都相等，前式簡化為

$$k_x E_0 + k_x' E_0' = k_x'' E_0'' \qquad (33.50)$$

這給出了不同於 (33.48) 式的 E 場方程。由此兩方程，我們可解出 E_0' 及 E_0''。利用 $k_x' = -k_x$，我們得到

$$E_0' = \frac{k_x - k_x''}{k_x + k_x''} E_0 \qquad (33.51)$$

$$E_0'' = \frac{2k_x}{k_x + k_x''} E_0 \qquad (33.52)$$

前述兩式，及 (33.45) 或 (33.46) k_x'' 的式子，便給出我們想要的 E 場振幅。下一節將討論此振幅的後果。

　　若在開始時設定波動偏振狀態為 E 向量**平行**於入射面，則 E 場將有 x 及 y 分量，如圖 33-7 所示。計算較為複雜，但並不曲折。（若以**磁場**表出相關的量，則因磁場只有 z 分量，這裡的計算將可簡化。）計算結果為

$$|E_0'| = \frac{n_2^2 k_x - n_1^2 k_x''}{n_2^2 k_x + n_1^2 k_x''} |E_0| \tag{33.53}$$

及

$$|E_0''| = \frac{2n_1 n_2 k_x}{n_2^2 k_x + n_1^2 k_x''} |E_0| \tag{33.54}$$

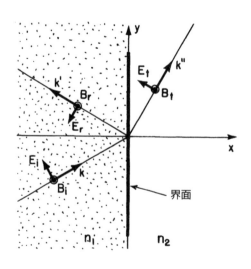

圖 33-7　當入射波的 E 場平行於入射面時，各個波動的偏振方向。

現在，來檢驗上述結果是否與稍早的結論一致。(33.3) 式為第 I 卷第 35 章所導出的反射波與入射波的強度比。那時只考慮實數折射率。對**實數**折射率（以及 k）而言，有

$$k_x = k \cos \theta_i = \frac{\omega n_1}{c} \cos \theta_i$$

$$k_x'' = k'' \cos \theta_t = \frac{\omega n_2}{c} \cos \theta_t$$

代入 (33.51) 式，得

$$\frac{E_0'}{E_0} = \frac{n_1 \cos \theta_i - n_2 \cos \theta_t}{n_1 \cos \theta_i + n_2 \cos \theta_t} \tag{33.55}$$

前式乍看之下，和 (33.3) 式相異。但在使用司乃耳定律消除各個 n 之後，兩式即會一致。設 $n_2 = n_1 \sin \theta_i / \sin \theta_t$，並對分母及分子同乘 $\sin \theta_t$，得

$$\frac{E_0'}{E_0} = \frac{\cos \theta_i \sin \theta_t - \sin \theta_i \cos \theta_t}{\cos \theta_i \sin \theta_t + \sin \theta_i \cos \theta_t}$$

此處的分子及分母分別為 $-(\theta_i - \theta_t)$ 及 $(\theta_i + \theta_t)$ 的正弦，我們可得

$$\frac{E_0'}{E_0} = -\frac{\sin (\theta_i - \theta_t)}{\sin (\theta_i + \theta_t)} \tag{33.56}$$

因 E_0' 及 E_0 在同一物質內，其對應強度正比於電場平方，因此此式給出舊有的結果。同理，(33.53) 式也與 (33.4) 式相同。

對於正向入射的波，$\theta_i = 0$ 及 $\theta_t = 0$。(33.56) 式給出 0/0，此結果無法使用。我們可以退回到 (33.55) 式，得到

$$\frac{I_r}{I_i} = \left(\frac{E_0'}{E_0}\right)^2 = \left(\frac{n_1 - n_2}{n_1 + n_2}\right)^2 \qquad (33.57)$$

上式結果，可用於兩種偏振方向的「任一」情形，因對正向入射而言，並無特定的「入射面」可言。

33-5 金屬表面的反射

我們現在可應用前面的結果，去瞭解金屬表面反射的有趣現象。為何金屬是亮晶晶的？在前一章我們已知，金屬的折射率，在某頻率範圍內，含有很大的虛部。讓我們思考，當可見光由空氣（$n = 1$）照射在 $n = -in_I$ 的材料上時，會發生什麼事。此時，(33.55) 式成為（在正向入射時）

$$\frac{E_0'}{E_0} = \frac{1 + in_I}{1 - in_I}$$

要得到反射波的**強度**，我們計算 E_0' 及 E_0 的絕對值的平方：

$$\frac{I_r}{I_i} = \frac{|E_0'|^2}{|E_0|^2} = \frac{|1 + in_I|^2}{|1 - in_I|^2}$$

也就是

$$\frac{I_r}{I_i} = \frac{1 + n_I^2}{1 + n_I^2} = 1 \qquad (33.58)$$

若一材料的折射率為純虛數時，其反射率為100％！

金屬的反射率並非真是100％，但許多金屬確實對可見光有極

佳的反射率。換言之,金屬的反射率含有極大的虛部。但我們已知,折射率含極大虛部者,具有極強的光吸收能力。所以可歸納出下列通則,若**任何**材料在某頻率值為**非常**好的光吸收體,則此頻率的波將在表面產生極強的反射,而幾乎無法進入該材料被吸收。

這種效應可在某些強烈染料裡見到,這些強烈染料的純質晶體具有類似「金屬」的光澤。或許你曾注意過,一罐紫色墨水的瓶口邊緣處,乾掉的顏料會顯現金黃色光澤的反光,而乾掉的紅色顏料則會顯示帶有綠色金屬光澤的反光。紅色墨水會吸收**透射**光裡的綠色,若墨水很濃,它便會在綠光頻率產生強烈的表面**反射**。

只要在一片玻璃上塗一層紅色墨水並讓它乾掉,即能觀察到前述的效應。如圖33-8所示,由玻璃背面射入一道白光,即可看到一束透射的紅光及一道反射的綠光。

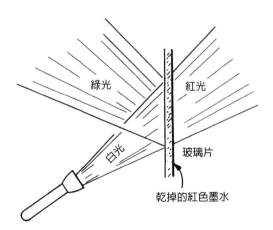

圖33-8 若一材料可強烈吸收頻率值為 ω 的光,那麼它也可強烈反射該頻率的光。

33-6　全內反射

當光線由一物質，例如玻璃（折射率 n 大於 1），進入另一物質，例如空氣（折射率 n_2 為 1）。根據司乃耳定律，

$$\sin \theta_t = n \sin \theta_i$$

則當入射角 θ_i 等於臨界值 θ_c，其中臨界值 θ_c 滿足

$$n \sin \theta_c = 1 \qquad\qquad (33.59)$$

透射波的折射角 θ_t 為 90 度。若 θ_i 大於臨界值時，又如何呢？你已知道將會發生全反射。但全反射又是如何發生的？

讓我們回到 (33.45) 式，該式給出透射波的波數 k_x''。我們有

$$k_x''^2 = \frac{k^2}{n^2} - k_y^2$$

因 $k_y = k \sin \theta_i$ 及 $k = \omega n/c$，所以

$$k_x''^2 = \frac{\omega^2}{c^2}\left(1 - n^2 \sin^2 \theta_i\right)$$

當 $n \sin \theta_i$ 大於 1 時，$k_x''^2$ 為**負**值，k_x'' 為虛數，例如 $\pm i k_I$。而你已知此結果意謂何事！(33.34) 式中的「透射」波將可寫為

$$E_t = E_0'' e^{\pm k_I x} e^{i(\omega t - k_y y)}$$

此振幅隨 x 值呈現指數型增長或衰減。很明顯的，此處我們要的是負號。因此在界面右方，波的**振幅**會如圖 33-9 所示。注意 k_I 的數量級為 ω/c，即 $1/\lambda_0$，為光波在真空的波長之倒數。也就是說，當光線在玻璃與空氣界面的內部產生全反射時，在空氣的那一邊將會

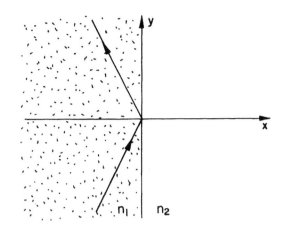

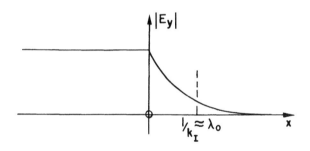

圖 33-9 全內反射

有電磁場,但該場只存在離界面數量級爲一個波長的範圍內。

我們現在能回答如下問題:光波由玻璃內部入射至表面時,若入射角夠大,會發生全反射;若將另一片玻璃疊放在表面上(使得原「表面」消失不存在),則光波將可透射。此透射何時可以發生?由全反射至無反射,這種轉變必然是漸進的!答案當然是,如圖 33-10 所示,當空氣間隙夠小時,存在於空氣內呈指數遞減的波動尾端,在到達第二片玻璃時,仍有夠大的強度能晃動玻璃內的電

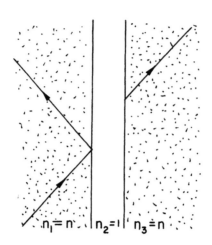

圖 33-10　若存在一小間隙，則內反射並非「完全的」，透射波可穿越
　　　　　至間隙之外。

子，因而產生新的波動。此時，即有部分光波可以透射。（顯然我
們此處的解並不完整；在完整的解法裡，我們應該將兩玻璃內的空
氣夾層計入，重新解波動方程。）

　　對於普通可見光，以上所談的透射效應，只在空氣間隙很小時
（厚度的數量級約為光波波長，如 10^{-5} 公分）始會發生。但此效應
可藉由 3 公分波長的波動予以展示。這裡，指數遞減的場可展延數
公分之遠。圖 33-11 顯示如何以微波實驗觀測透射效應。由三公分
發送器所產生的微波，送往 45 度擺設的石蠟稜鏡。對應此微波頻
率的石蠟折射率為 1.5，因此全反射臨界角為 41.5 度。所以進入石
蠟之波動，會在 45 度的面產生完全反射，因而進入偵測器 A 內，
產生訊號，如圖 33-11(a) 所示。若放置另一個石蠟稜鏡，與原稜鏡
密合，如圖 (b) 所示，則入射波將透射此二稜鏡，進入偵測器 B 產
生訊號。若兩稜鏡之間留有數公分的間隙，如圖 (c) 所示，則同時

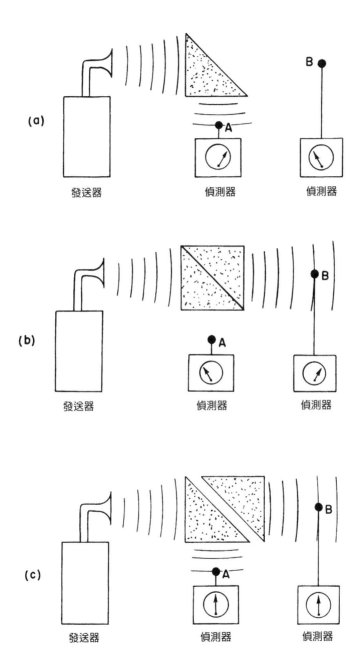

(a)

發送器　　　　偵測器　　　　偵測器

(b)

發送器　　　　偵測器　　　　偵測器

(c)

發送器　　　　偵測器　　　　偵測器

<u>圖 33-11</u>　觀測內反射波如何穿透的實驗

會有透射波與反射波存在。實際上，在圖 33-11(a) 中，該稜鏡 45 度面外的電場，也可藉由把偵測器 B 遷移至該表面附近數公分的範圍內，偵測到該電場而得到證實。

The Feynman 閱讀筆記

國家圖書館出版品預行編目資料

費曼物理學講義. II, 電磁與物質. 4：電磁場能量動量、折射與反射 / 費曼(Richard P. Feynman), 雷頓(Robert B. Leighton), 山德士(Matthew Sands)著；李精益, 吳玉書譯. -- 第二版. -- 臺北市：遠見天下文化, 2018.04
面； 公分. --（知識的世界；1225）
譯自：The Feynman lectures on physics, the new millennium ed., volume II
ISBN 978-986-479-434-8（平裝）

1.物理學 2.電磁學

330   107005795

知識的世界 1225

費曼物理學講義 II ——電磁與物質
(4) 電磁場能量動量、折射與反射

原　　著／費曼、雷頓、山德士
譯　　者／李精益、吳玉書
審 訂 者／高涌泉
顧 問 群／林和、牟中原、李國偉、周成功

總編輯／吳佩穎
編輯顧問／林榮崧
責任編輯／徐仕美、林文珠　　特約校對／楊樹基
美術編輯暨封面設計／江儀玲

出 版 者／遠見天下文化出版股份有限公司
創 辦 人／高希均、王力行
遠見・天下文化・事業群　董事長／高希均
事業群發行人／CEO ／王力行
天下文化社長／林天來
天下文化總經理／林芳燕
國際事務開發部兼版權中心總監／潘欣
法律顧問／理律法律事務所陳長文律師　　　著作權顧問／魏啓翔律師
社　　　址／台北市 104 松江路 93 巷 1 號 2 樓
讀者服務專線／（02）2662-0012　　傳真／（02）2662-0007；2662-0009
電子信箱／cwpc@cwgv.com.tw
直接郵撥帳號／1326703-6 號　遠見天下文化出版股份有限公司

電腦排版／極翔企業有限公司
製 版 廠／東豪印刷事業有限公司
印 刷 廠／中原造像股份有限公司
裝 訂 廠／中原造像股份有限公司
登 記 證／局版台業字第 2517 號
總 經 銷／大和書報圖書股份有限公司　電話／（02）8990-2588
出版日期／2022 年 6 月 30 日第二版第 5 次印行

定　　價／400 元
原著書名／THE FEYNMAN LECTURES ON PHYSICS: The New Millennium Edition, Volume II
by Richard P. Feynman, Robert B. Leighton and Matthew Sands
Copyright © 1965, 2006, 2010 by California Institute of Technology,
Michael A. Gottlieb, and Rudolf Pfeiffer
Complex Chinese translation copyright © 2010, 2013, 2017, 2018 by Commonwealth Publishing
Co., Ltd., a member of Commonwealth Publishing Group
Published by arrangement with Basic Books, a member of Perseus Books Group
through Bardon-Chinese Media Agency
博達著作權代理有限公司
ALL RIGHTS RESERVED

ISBN: 978-986-479-434-8（英文版 ISBN: 978-0-465-02494-0）

書號： BBW1225

天下文化官網　bookzone.cwgv.com.tw